国家电网有限公司

2022年安全生产事故事件分析报告

国家电网有限公司安全监察部　编

图书在版编目（CIP）数据

国家电网有限公司2022年安全生产事故事件分析报告 / 国家电网有限公司安全监察部编. —北京：中国电力出版社，2023.5（2024.10重印）
ISBN 978-7-5198-7856-6

Ⅰ. ①国… Ⅱ. ①国… Ⅲ. ①电力工业–工业企业–生产事故–事故分析–研究报告–中国–2022 Ⅳ. ①TM08

中国国家版本馆CIP数据核字（2023）第088319号

出版发行：中国电力出版社
地　　址：北京市东城区北京站西街19号（邮政编码100005）
网　　址：http://www.cepp.sgcc.com.cn
责任编辑：薛　红
责任校对：黄　蓓　郝军燕
装帧设计：赵姗姗
责任印制：石　雷

印　　刷：三河市万龙印装有限公司
版　　次：2023年5月第一版
印　　次：2024年10月北京第二次印刷
开　　本：787毫米×1092毫米　16开本
印　　张：6
字　　数：120千字
印　　数：30001—44000册
定　　价：30.00元

编写说明

为汲取事故教训，采取针对性措施，不断提升国家电网有限公司（简称公司）系统各级安全管理水平，防范各类事故的发生，公司安全监察部组织编写了《国家电网有限公司 2022 年安全生产事故事件分析报告》。

2022 年，公司系统未发生一般及以上电网事故，发生一般设备事故 1 起；发生人身事故 3 起、死亡 3 人；发生电网、设备事件 539 起。本报告对公司系统 2022 年事故事件进行了分类统计，分析了事故特点、发生原因、暴露问题，提出了防范对策和措施。

目　录

一、电网、设备事件分析

2022 年，公司发生电网事件 92 起（五级 9 起、六级 16 起、七级 27 起、八级 40 起），发生设备事件 447 起（五级 7 起、六级 10 起、七级 97 起、八级 333 起）。

（一）按单位统计分析

2022 年，公司系统共发生六级及以上电网、设备事件 42 起，见图 1。事件简况见附表 1 和附表 2。

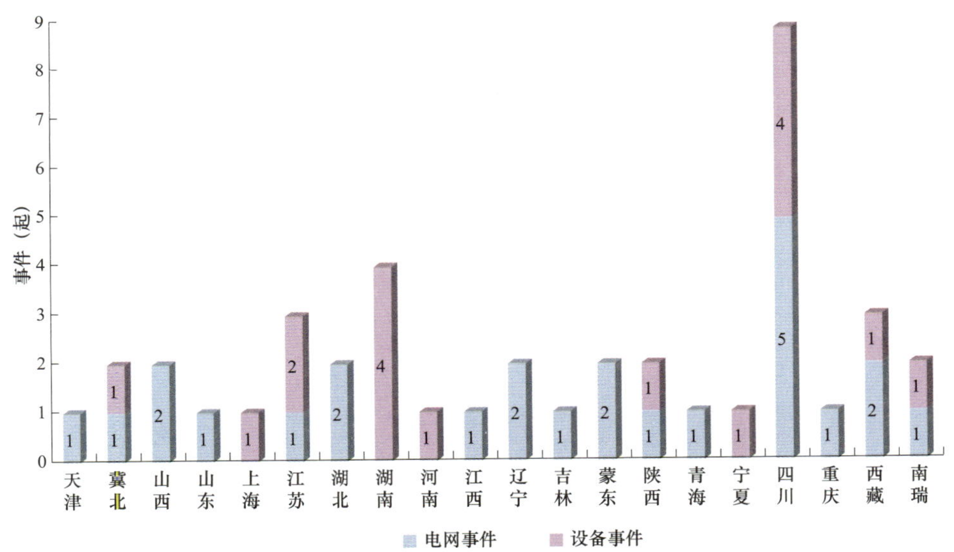

图 1　公司 2022 年五、六级电网、设备事件按单位分布统计

2022 年，公司系统发生 539 起电网、设备事件，按单位分布见图 2。

（二）按时间统计分析

2022 年，公司系统共发生六级及以上电网设备事件 42 起，按时间分布见图 3。

539 起电网、设备事件，6～8 月起数较多，共发生 247 起，占总数的 45%，其中受夏季雷害、风害等自然灾害影响较重，引发 158 起。公司 2022 年电网、设备事件按月份分布统计见图 4。

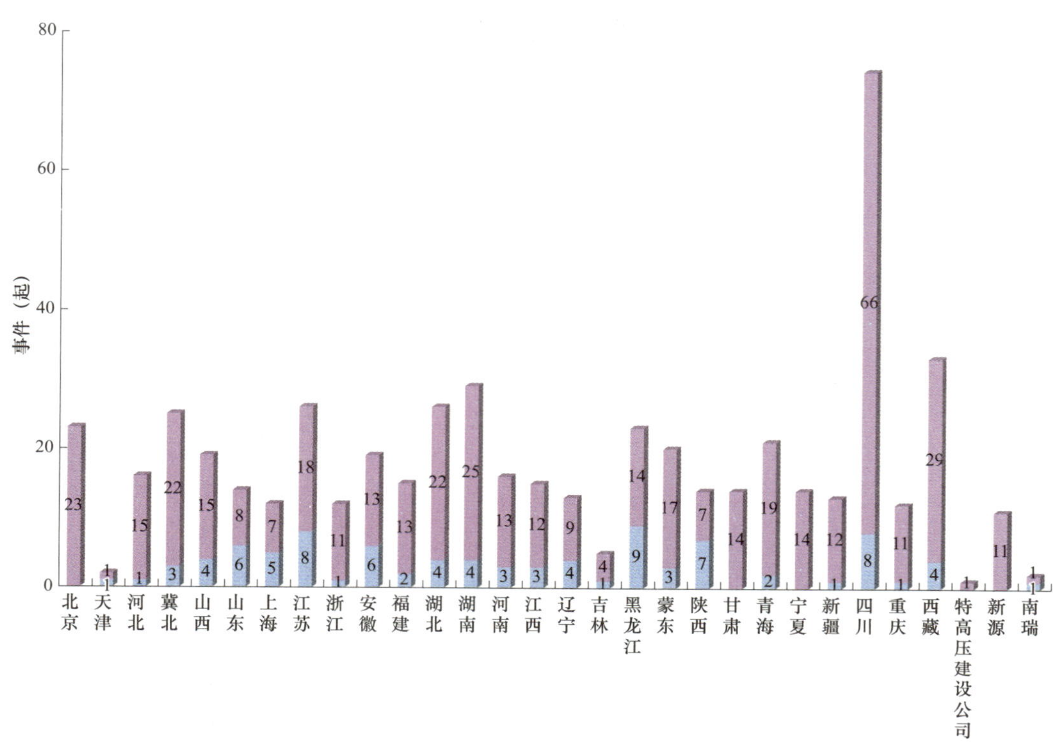

图2　公司2022年电网、设备事件按单位分布统计

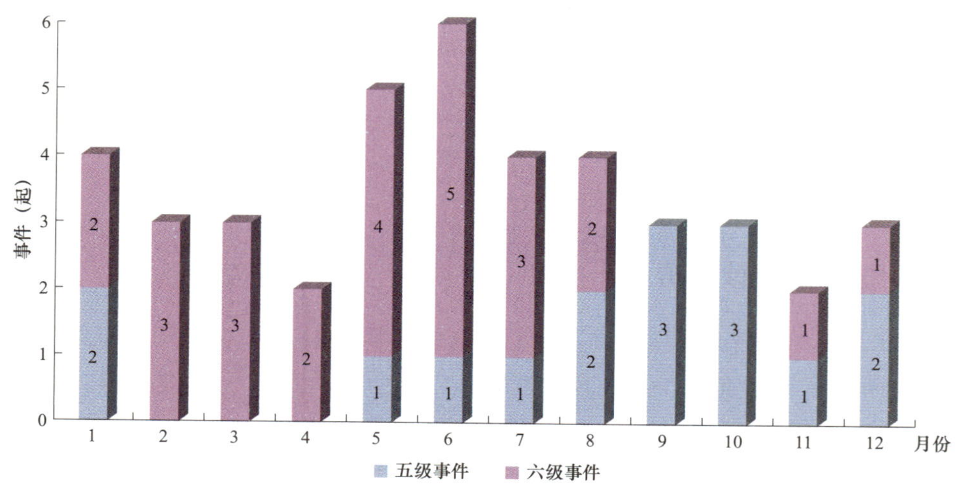

图3　公司2022年六级以上电网、设备事故事件按月份分布统计

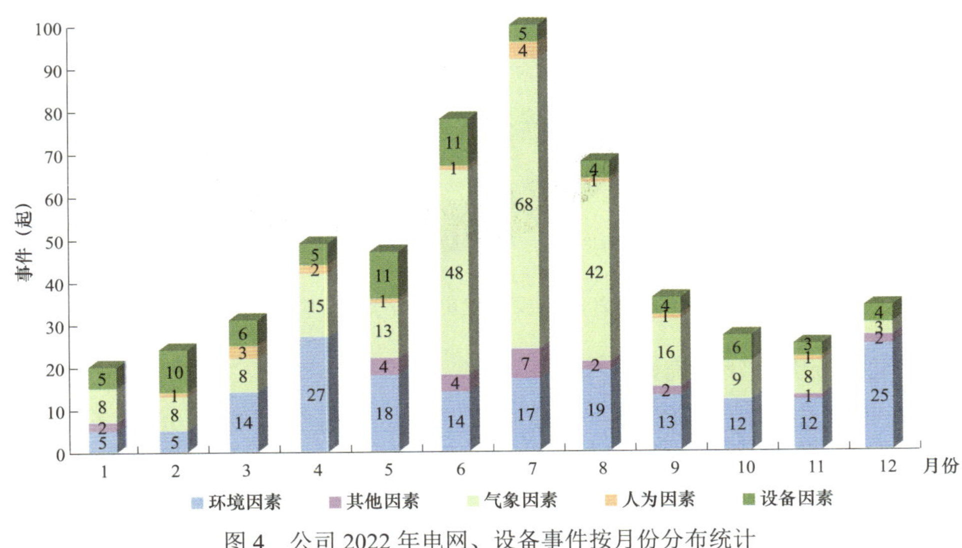

图 4　公司 2022 年电网、设备事件按月份分布统计

（三）按设备类型统计分析

539 起电网、设备事件中，交流输电设备引发事件 432 起，占 80%；变电设备引发事件 61 起，占 11%；换流设备引发事故事件 22 起，占 4%；直流输电设备引发事件 18 起，约占 4%；发电设备引发事件 6 起，占 1%。公司 2022 年电网、设备事件按设备分类统计见图 5。

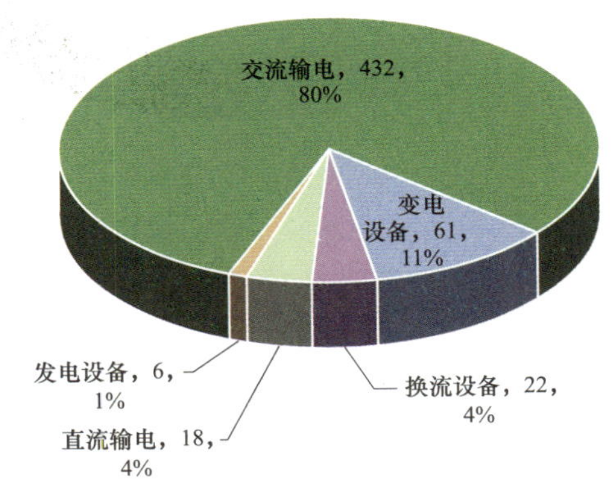

图 5　公司 2022 年电网、设备事件按设备分类统计

1. 交流输电设备事件分类统计分析

交流输电设备有关的 432 起事件中，导、地线引发事件 198 起，占 46%；绝缘子引发事件 157 起，占 36%；杆塔引发事件 20 起，占 5%；金具引发事件 33 起，占 8%；避雷器、电缆等其他设备引发事件 24 起，占 5%。公司 2022 年交流输电设备事件分类统计见图 6。

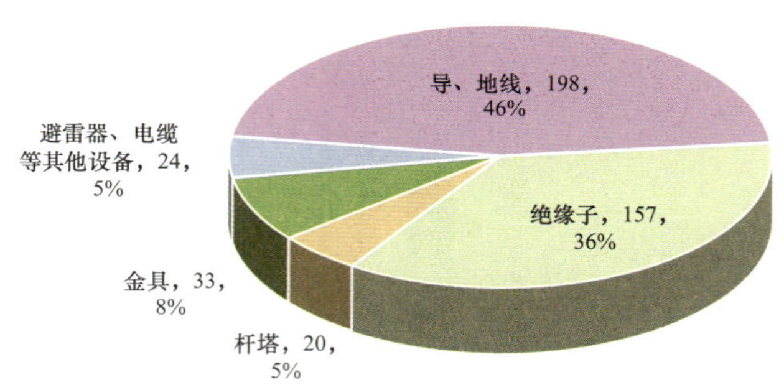

图 6 公司 2022 年交流输电设备事件分类统计

2. 变电设备事件分类统计分析

变电设备有关的 61 起事件中，电抗器引发事件 3 起，占 5%；GIS 设备引发事件 7 起，占 11%；断路器及隔离开关设备引发事件 12 起，占 20%；互感器引发事件 5 起，占 8%；变压器引发事件 8 起，占 13%；继电保护及安全自动装置引发事件 11 起，占 18%；调相机引发事件 1 起，占 2%；开关柜引发事件 1 起，占 2%；其他变电设备引发事件 13 起，占 21%。公司 2022 年变电设备事件分类统计见图 7。

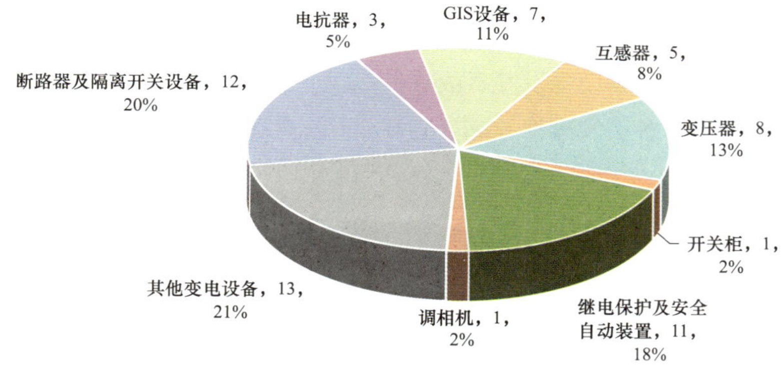

图 7 公司 2022 年变电设备事件分类统计

3. 换流设备事件分类统计分析

换流设备有关的 22 起事件中，换流站交流场引发事件 5 起，占 23%；换流站直流场引发事件 2 起，占 9%；换流阀控制系统引发事件 2 起，占 9%；换流阀设备引发事件 8 起，占 36%；换流设备保护系统引发事件 3 起，占 14%，换流站辅助设备及通信远动引发事件 2 起，占 9%。公司 2022 年换流设备事件分类统计见图 8。

4. 直流输电设备事件分类统计分析

直流输电设备有关的 18 起事件中，导、地线引发事件 11 起，占 61%；绝缘子引发事件 3 起，占 17%；金具引发事件 3 起，占 17%；其他设备引发事件 1 起，占 5%。公司 2022 年直流输电设备事件分类统计见图 9。

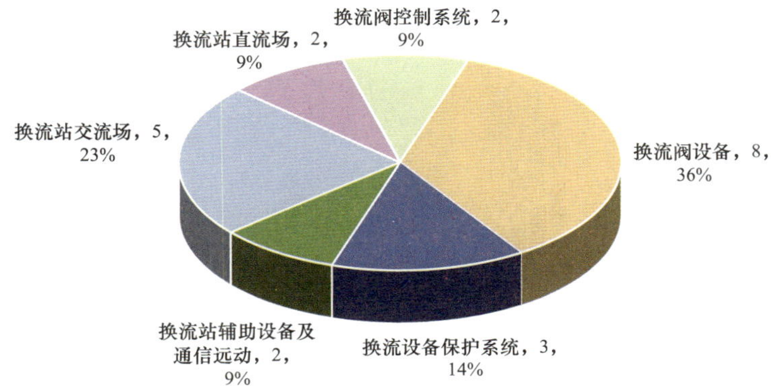

图 8　公司 2022 年换流设备事件分类统计

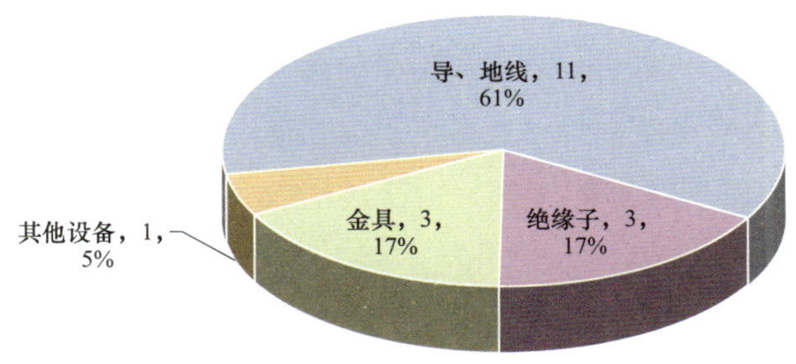

图 9　公司 2022 年直流输电设备事件分类统计

5. 发电设备事件分类统计分析

发电设备有关的 6 起事件中，继电保护及安全自动装置引发事件 1 起，占 17%；发电机设备引发事件 2 起，占 33%；其他发电设备（发电厂公用系统、热工系统）引发事件 3 起，占 50%。公司 2022 年发电设备事件分类统计见图 10。

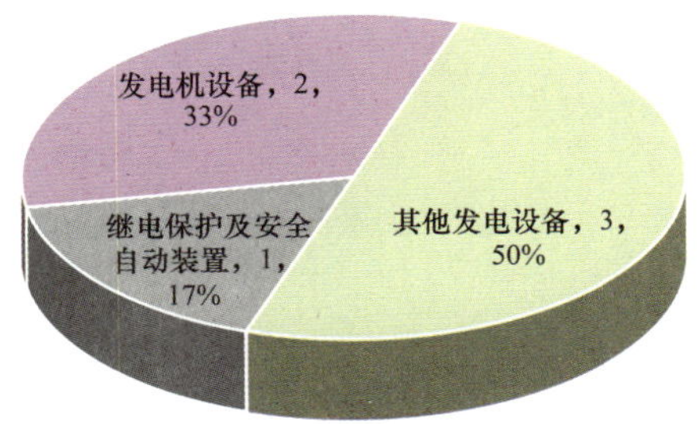

图 10　公司 2022 年发电设备事件分类统计

（四）按事件原因分析

539 起电网、设备事件中，气象因素（雷害、风害、冰害等）引发 245 起，占 45%；环境因素（外力破坏、山火、鸟害等）引发 181 起，占 34%；设备因素（制造质量、设计质量等）引发 74 起，占 14%；人为因素（施工质量、管理不当等）引发 15 起，占 3%；其他因素（电厂等）引发 24 起，占 4%。公司 2022 年按事件原因分类统计见图 11。

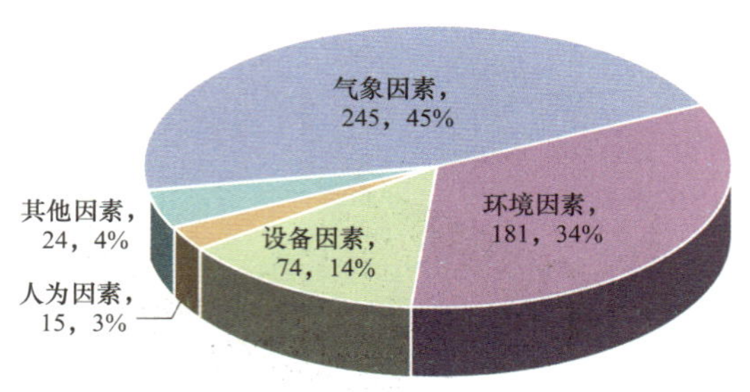

图 11 公司 2022 年按事件原因分类统计

166 起七级及以上电网、设备事件中，气象因素（雷害、风害、冰害等）引发 52 起、占 31%，其中，引发五级事件 5 起、占比达 31%，需要高度重视防范灾害。环境因素（外力破坏、鸟害、山火、烧荒等）影响其次，引发事件 50 起、占 30%，引发五级事件 6 起、占比达 38%，需要重点防范环境影响。设备因素（制造质量、设计质量等）引发事件 44 起、占 27%，引发五级事件 4 起、占比达 25%，需要高度关注设备质量问题。人为因素引发 13 起、占 8%，其他因素引发 7 起、占 4%。七级及以上事件按原因分类统计见图 12。

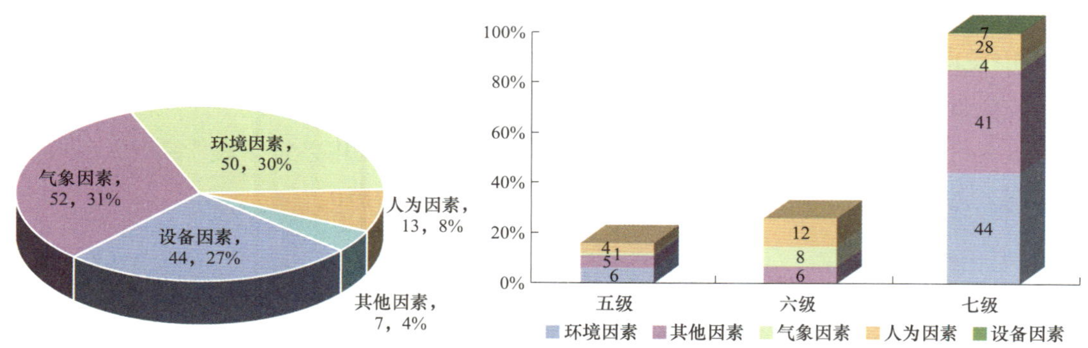

图 12 七级及以上事件按原因分类统计

1. 气象因素引发的事件

（1）气象类型分类统计分析。

气象因素引发的 245 起事件中，雷害引发事件 182 起，占 74%；风害引发事件 35 起，占 14%；冰害引发事件 16 起，占 7%；地震、暴雨、雪灾等其他灾害引发事件 12 起，占 5%。公司 2022 年气象因素引发事件分类统计见图 13。

52 起气象因素引发的七级及以上事件中，风害等导致的线路风偏、舞动跳闸事件占比最多，共 19 起、占 37%。雷害导致跳闸事件占比其次，共 13 起、占 25%。台风、地震、雨雪冰冻等严重自然灾害引发的事件等级高，包括 5 起五级事件和 7 起六级事件如图 14 所示。

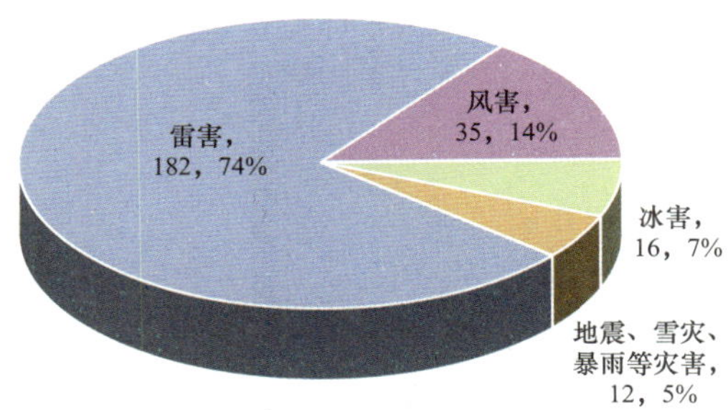

图 13 公司 2022 年气象因素引发事件分类统计

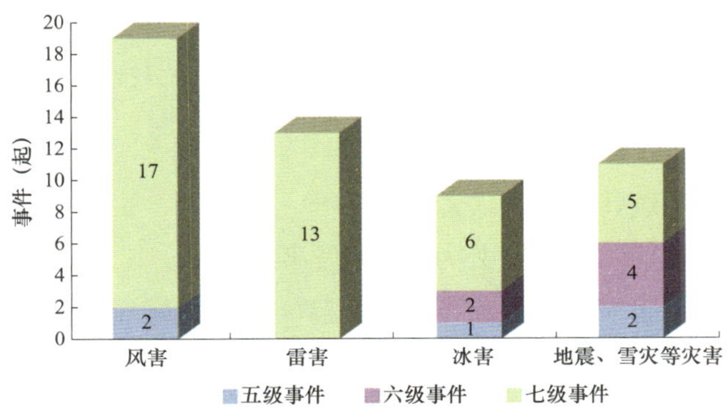

图 14 公司气象因素引发的七级及以上事件分类统计

（2）雷害事件按时间分布统计分析。

雷害事件主要集中在 6～8 月，在雷害引发的 182 起事件中，7 月最高引发 55 起，占 30%；8 月 40 起，占 22%；6 月 37 起，占 20%。公司 2022 年雷害事件按事件分布统计见图 15。

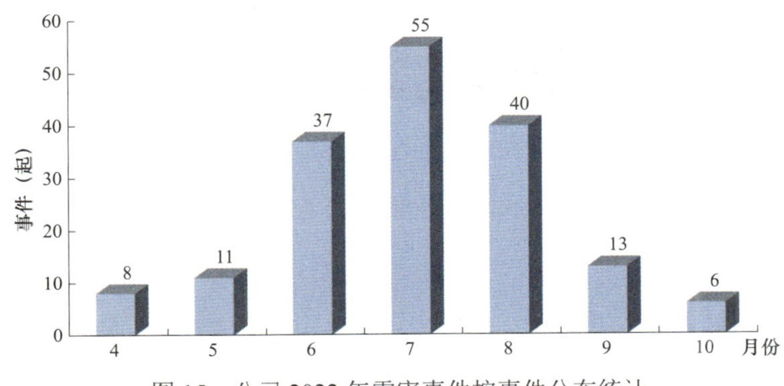

图 15 公司 2022 年雷害事件按事件分布统计

（3）雷害事件按区域分布统计分析。

雷害引发的 182 起事件中，华东 38 起，占 21%；西南 72 起，占 40%；华中 22 起，占 12%；华北 19 起，占 10%；东北 9 起，占 5%；西北 22 起，占 12%。公司 2022 年雷害事件按区域分布统计见图 16。

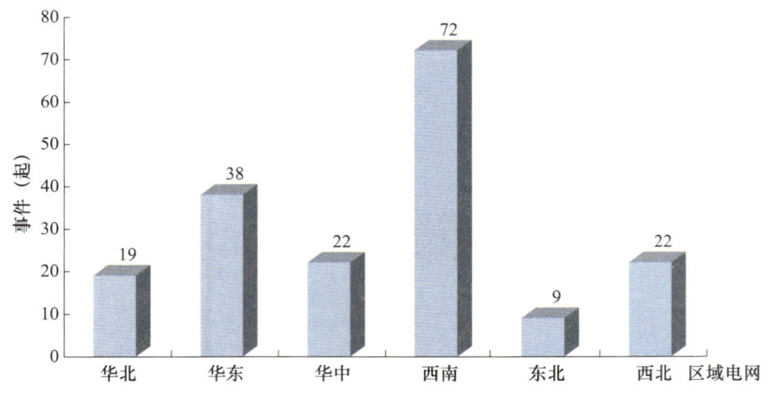

图 16 公司 2022 年雷害事件按区域分布统计

2. 环境因素引发的事件

（1）环境因素分类统计分析。

环境因素引发的 181 起事件中，外力破坏引发事件 87 起，其中异物碰线 68 起，占 38%；车辆碰撞杆塔、导线 11 起，占 6%；施工破坏 4 起，占 2%；爆炸、放炮 2 起，占 1%；户外动物 2 起，占 1%。鸟害引发事件 75 起，占 41%。山火烧荒引发事件 19 起、占 11%，其中五级事件 5 起，需重点防范山火影响。公司 2022 年环境因素引发事件分类统计见图 17。

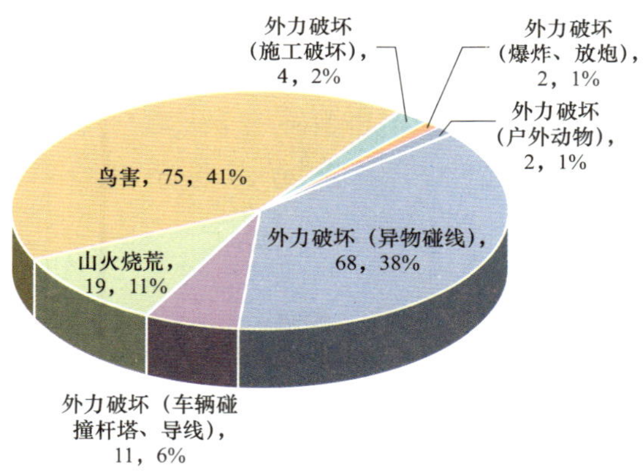

图 17 公司 2022 年环境因素引发事件分类统计

（2）月度分布统计分析。

环境因素引发的 181 起事件中，4、12 月最多，各达 27、25 起，各占 15%、14%，主要引发因素为异物碰线和鸟害；其他月份发生较为平均，年初相对较少。公司 2022 年环境因素引发事件按时间分布统计见图 18。

（3）外力破坏事件分析。

外力破坏（异物碰线，车辆碰撞杆塔、导线，施工破坏，人为破坏，户外动物等）引发的 87 起事件中，1、2、10、11 月较少，其他月份分布较为平均，7 月最多，引发 12 起、占 14%。公司 2022 年外力破坏引发事件按时间分布统计见图 19。

30
25
20
15
10
5
0
事件（起）
5
5
14
27
18
14
17
19
13
12
12
25
1
2
3
4
5
6
7
8
9
10
11
12
月份

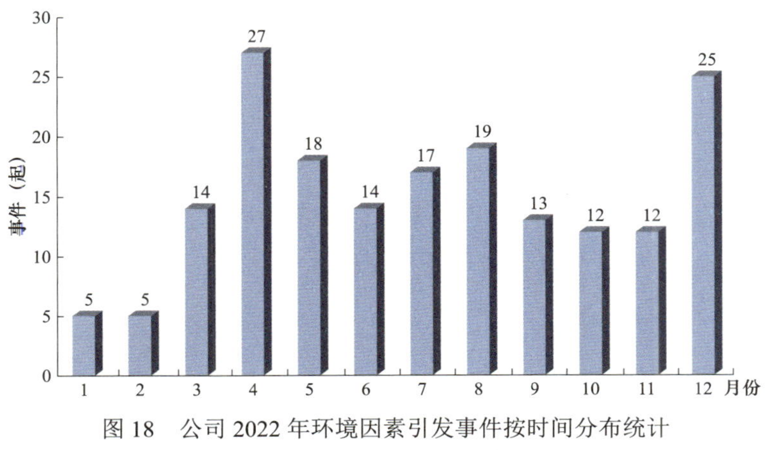

图 18　公司 2022 年环境因素引发事件按时间分布统计

14
12
10
8
6
4
2
0
事件（起）
1
3
11
9
9
11
12
10
6
1
4
10
1
2
3
4
5
6
7
8
9
10
11
12
月份

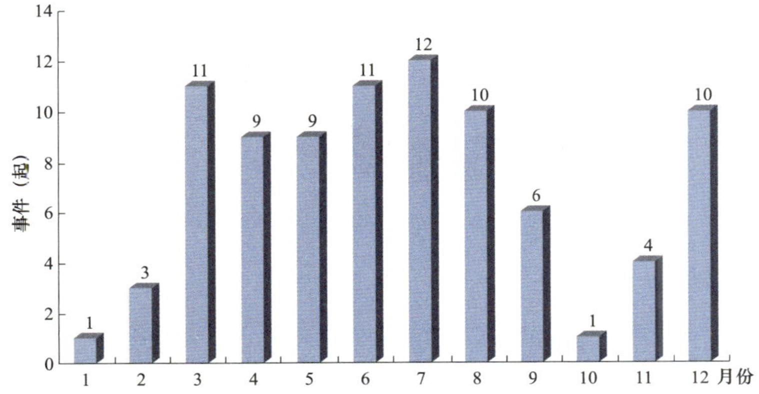

图 19　公司 2022 年外力破坏引发事件按时间分布统计

（4）鸟害事件分析。

2022 年，在鸟害引发的 75 起事件中，4 月最多，12 月其次，分别发生 17 起和 13 起，各占 23%、17%；年初较少，其他月份较为平均。公司 2022 年鸟害引发事件按时间分布统计见图 20。

18
16
14
12
10
8
6
4
2
0
事件（起）
1
2
1
17
9
3
5
7
6
4
7
13
1
2
3
4
5
6
7
8
9
10
11
12
月份

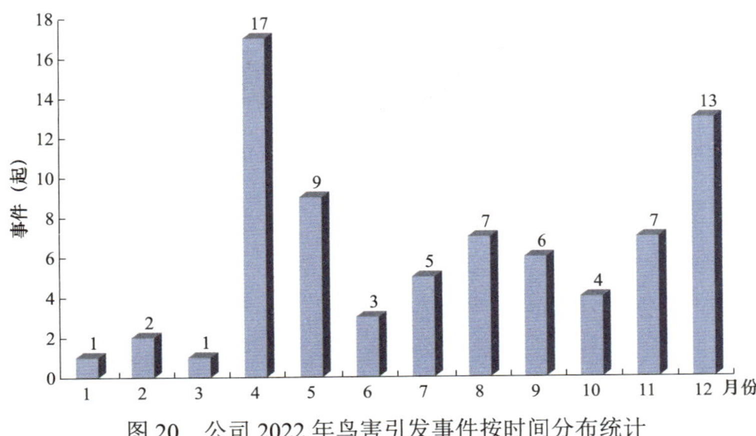

图 20　公司 2022 年鸟害引发事件按时间分布统计

3. 设备因素引发的事件

（1）原因分类统计分析。

设备因素引发的 74 起事件中，其中设备质量不良 16 起，占 22%；制造质量工艺不良引发事件 25 起，占 34%；制造质量材质不良引发事件 11 起，占 15%；制造质量零部件不合格引发事件 13 起，占 18%；制造质量结构不合理引发事件 4 起，占 5%；制造质量焊接不良 1 起，占 1%；设计质量不良引发事件 4 起，占 5%。公司 2022 年因设备因素引发事件分类统计见图 21。

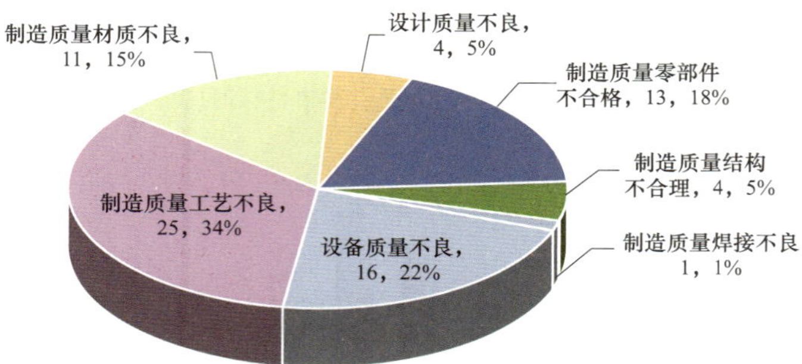

图 21　公司 2022 年因设备因素引发事件分类统计

（2）设备分类统计分析。

设备因素引发的 74 起事件中，开关设备引发事件 20 起，占 27%；变电其他设备引发事件 23 起，占 31%；换流设备引发事件 14 起，占 19%；输电设备引发事件 12 起，占 16%；发电设备引发事件 5 起，占 7%。公司 2022 年因设备因素引发事件按设备分类统计见图 22。

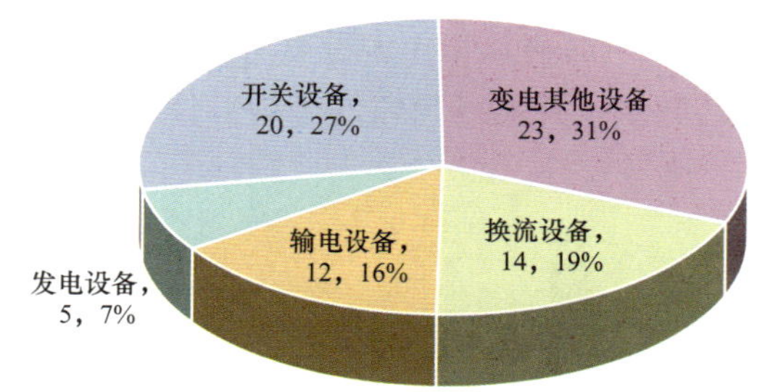

图 22　公司 2022 年因设备因素引发事件按设备分类统计

4. 人为因素引发的事件

（1）原因分类统计分析。

人为因素引发的 15 起事件中，其中施工质量不良引发事件 9 起，占 60%；运维不当引发事件 5 起，占 33%；检修质量不良引发事件 1 起，占 7%。公司 2022 年人为因素引发事件分类统计见图 23。

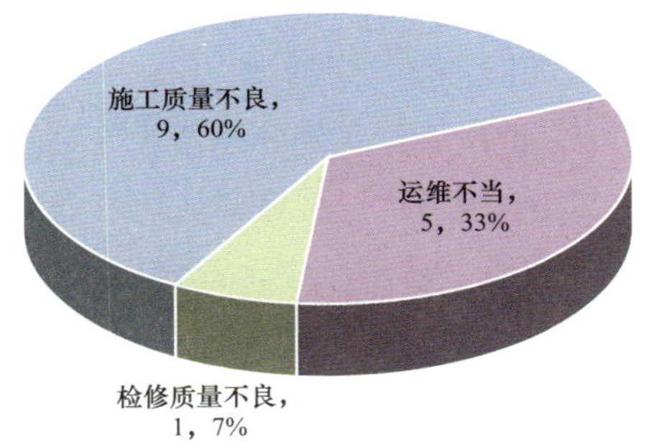

图 23　公司 2022 年人为因素引发事件分类统计

（2）按单位分类统计。

人为因素引发的 15 起事件中，按单位分布见图 24。

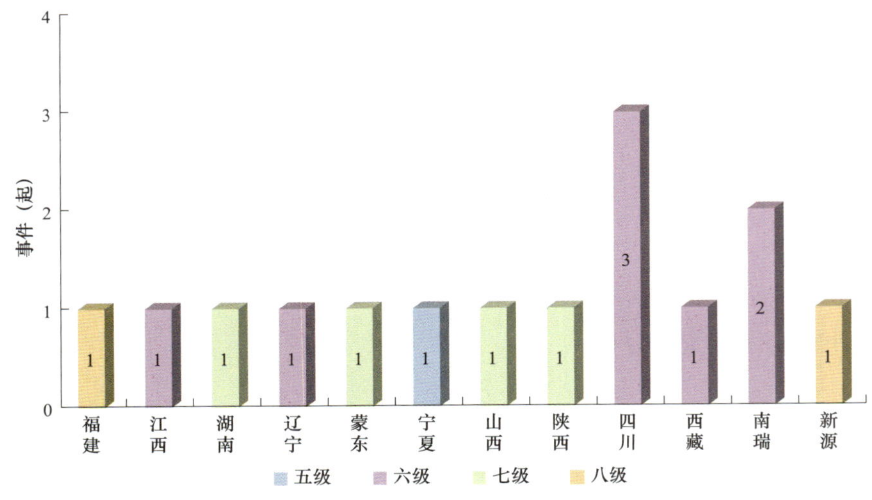

图 24　公司 2022 年人为因素引发事件按单位统计

5. 其他因素引发的事件

其他因素引发的 24 起事件中，其中系统外因素（电厂）引发 16 起，占 66%；用户设备引发 4 起，占 17%；其他原因引发 4 起，占 17%。公司 2022 年其他因素引发事件分类统计见图 25。

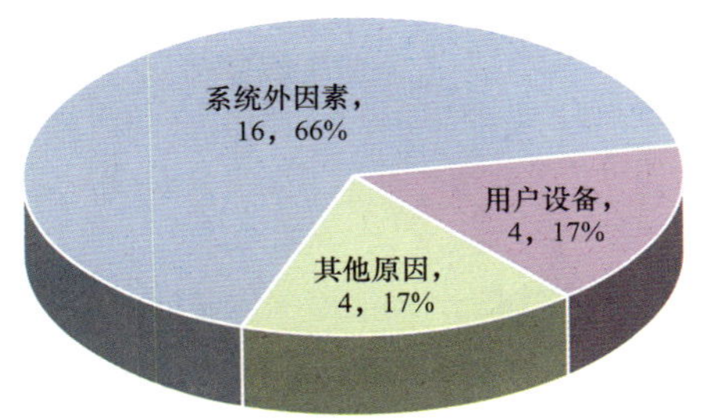

图 25　公司 2022 年其他因素引发事件分类统计

（五）按事件影响分类分析

539 起电网、设备事件中，造成线路跳闸（单条线路跳闸、多条线路跳闸、线路掉线掉串等）452 起、占 84%，其中线路跳闸且重合成功及直流再启动成功 290 起，占线路跳闸事件的 64%；造成直流闭锁（单极闭锁、双极闭锁、单阀组闭锁等）13 起，占 2%；造成变电站及设备停运损坏（变电站全停、母线停运、主设备停运损坏、变压器故障等）62 起，占 12%；影响电网安全及用户（电网受到扰动、直流系统换相失败、直流非计划降功率、重要用户停电等）12 起，占 2%。公司 2022 年电网、设备事件按事件影响分类统计见图 26。

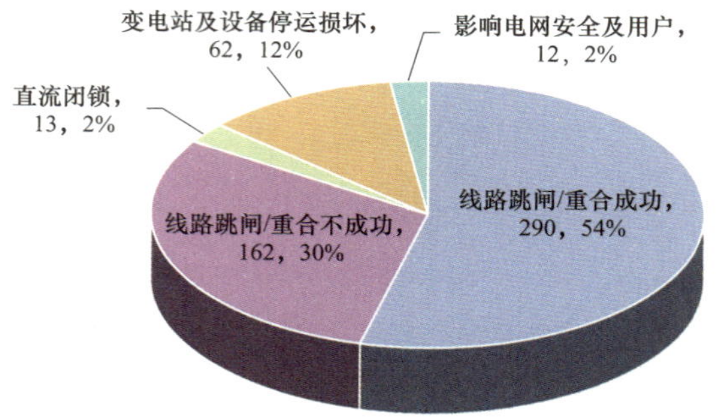

图 26　公司 2022 年电网、设备事件按事件影响分类统计

1. 事件影响分类统计分析

（1）造成线路跳闸及直流闭锁事件分类统计分析。

造成线路跳闸及直流闭锁的 465 起事件中，单条线路跳闸且重合成功及直流再启动成功 288 起，占 62%；单条线路跳闸/重合不成功 140 起，占 30%；多条线路跳闸 19 起，占 4%；线路掉线、掉串 5 起，占 1%；单极（单阀组）闭锁 11 起，占 2%；背靠背直流闭锁、双极闭锁各 1 起，分别占 0.5%。公司 2022 年事件影响线路跳闸及直流闭锁分类统计见图 27。造成单条线路跳闸事件按单位分类统计见图 28，造成直流闭锁、多线跳闸事件按单位分类统计见图 29。

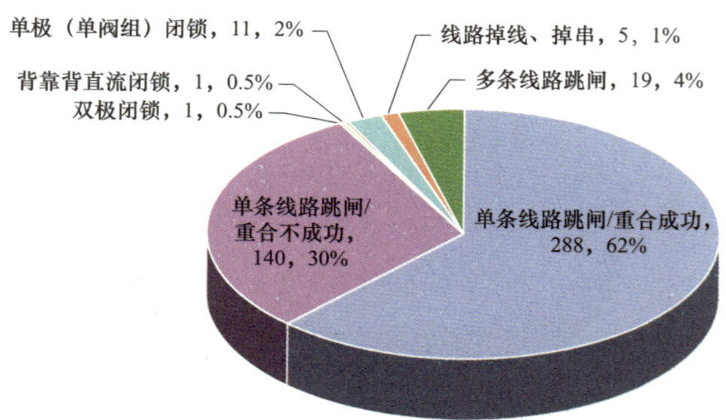

图 27　公司 2022 年事件影响线路跳闸及直流闭锁分类统计

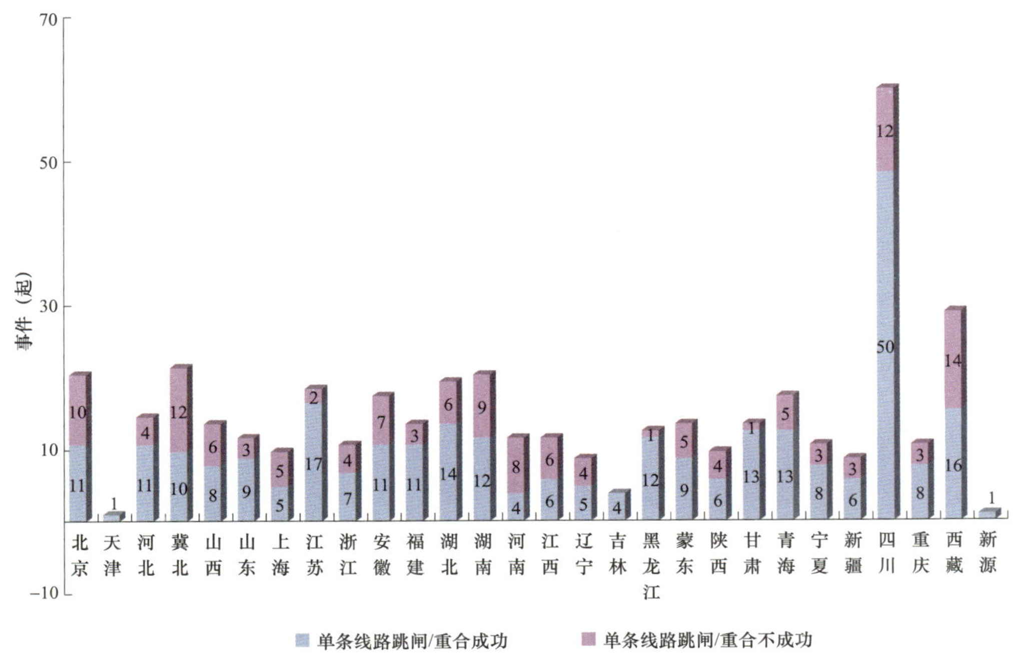

图 28　造成单条线路跳闸事件按单位分类统计

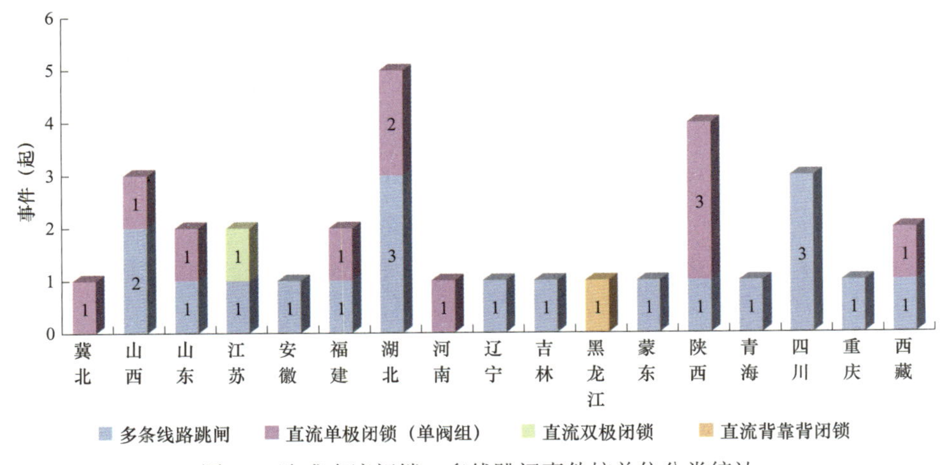

图 29　造成直流闭锁、多线跳闸事件按单位分类统计

（2）造成变电站及设备停运损坏事件分类统计分析。

造成变电站及设备停运、损坏的 62 起事件中，主设备（变压器、电抗器、换流变压器）跳闸、损坏 10 起，占 16%；变电站、母线停运 22 起，占 35%；其他变电设备（串补、滤波器）跳闸 19 起，占 31%；调相机故障跳闸 3 起，占 5%；发电机组故障跳闸 8 起，占 13%。公司 2022 年事件影响变电站及设备停运损坏分类统计见图 30。造成变电站及设备停运损坏事件按单位分类统计见图 31。

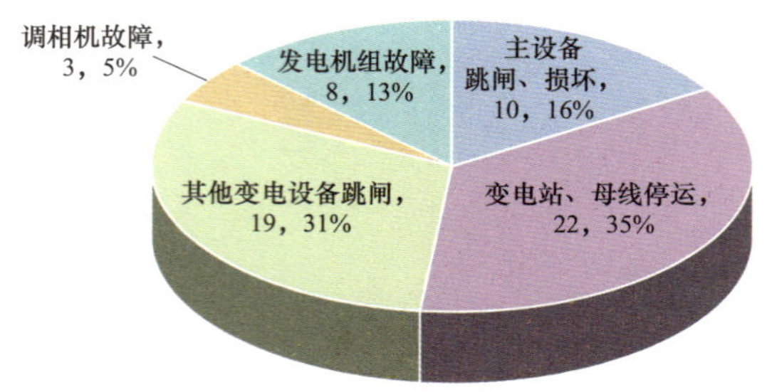

图30　公司2022年事件影响变电站及设备停运损坏分类统计

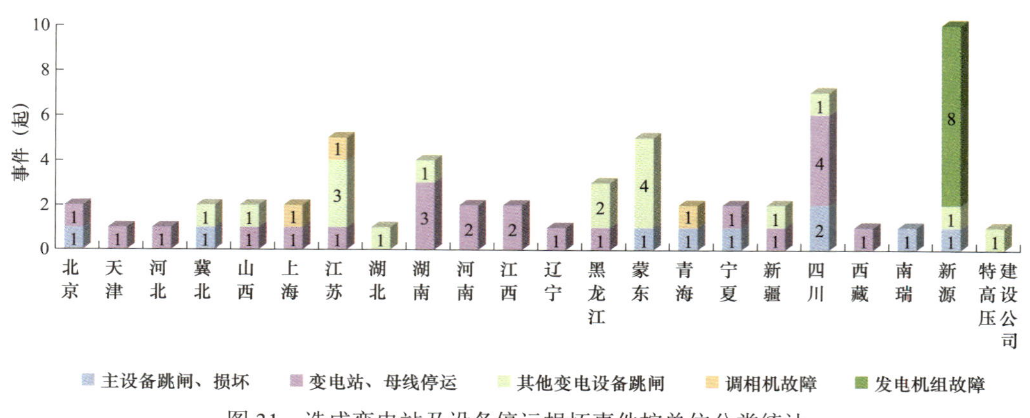

图31　造成变电站及设备停运损坏事件按单位分类统计

（3）影响电网安全及用户事件分类统计分析。

影响电网安全及用户12起，电网受到扰动、直流系统换相失败10起，占84%；多条线路失去主保护1起，占8%；重要用户停电1起，占8%。公司2022年事件影响电网安全及用户分类统计见图32。公司2022年事件影响电网安全及用户按单位分类统计按单位分布情况见图33。

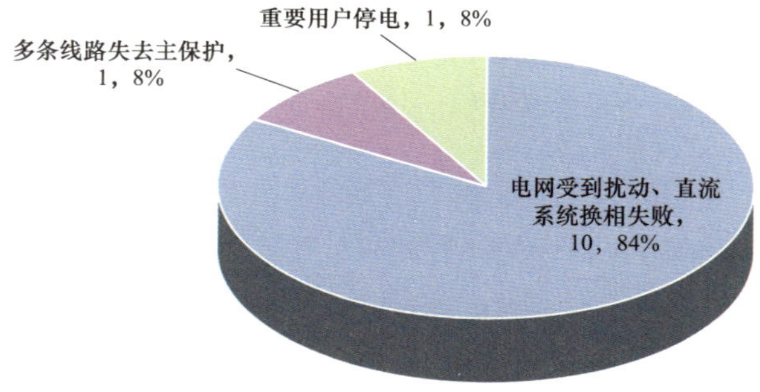

图32　公司2022年事件影响电网安全及用户分类统计

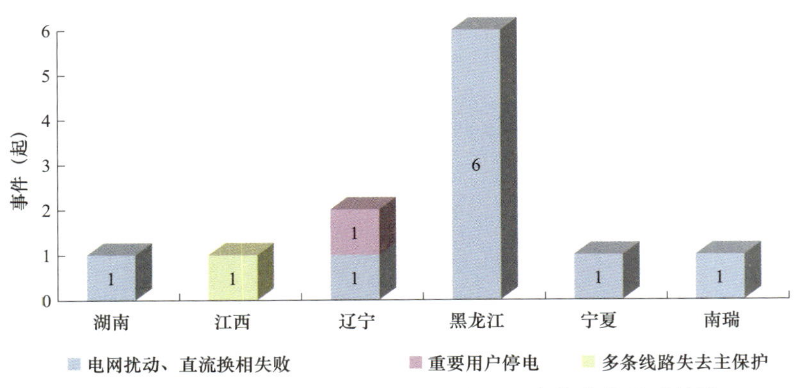

图 33　公司 2022 年事件影响电网安全及用户按单位分类统计

2. 500 千伏以上（含直流）事件按影响分类统计分析

339 起 500 千伏以上（含直流）事件中，造成单条线路跳闸 261 起，占 77%；造成多条线路跳闸 15 起，占 4%；造成线路掉线、掉串 5 起，占 1%；造成直流闭锁 9 起，占 3%；造成母线跳闸 13 起，占 4%；造成主设备（变压器、电抗器、换流变压器、调相机、发电机组）跳闸、停运、损坏 12 起，占 4%；造成其他设备（串补、滤波器组）跳闸、停运、损坏 19 起，占 6%；造成电网安全及用户影响 5 起，占 1%。500 千伏以上（含直流）事件按事件影响分类统计见图 34。

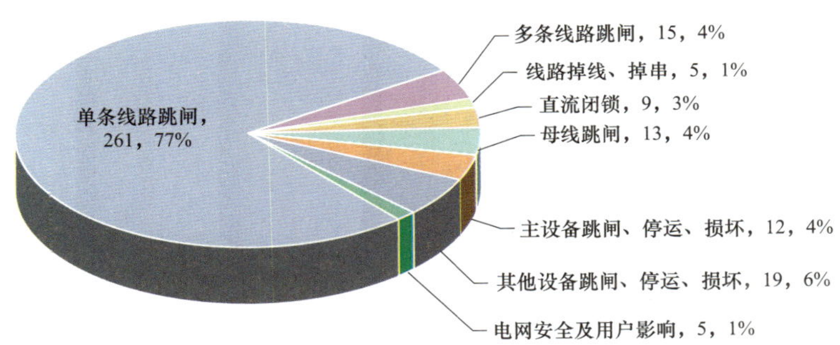

图 34　500 千伏以上（含直流）事件按事件影响分类统计

3. 起因设备与影响关联分析

变电设备引发的 61 起事件中，变电站及设备停运、损坏事件为主要影响事件，共发生 49 起，占 80%。交流输电设备引发的 432 起事件中，线路跳闸事件为主要影响事件，共发生 423 起，占 98%。换流设备引发的 22 起事件中，直流闭锁事件为主要影响事件，共发生 9 起，占 41%；换相失败 6 起，占 27%。直流输电设备引发的 18 起事件中，线路跳闸事件为主要影响事件，共发生 14 起，占 78%。发电设备引发的 6 起事件中，发电机跳闸事件为主要影响事件，共发生 4 起，占 67%。公司 2022 年起因设备与影响关联数据统计见图 35、数据比例分布统计见图 36。

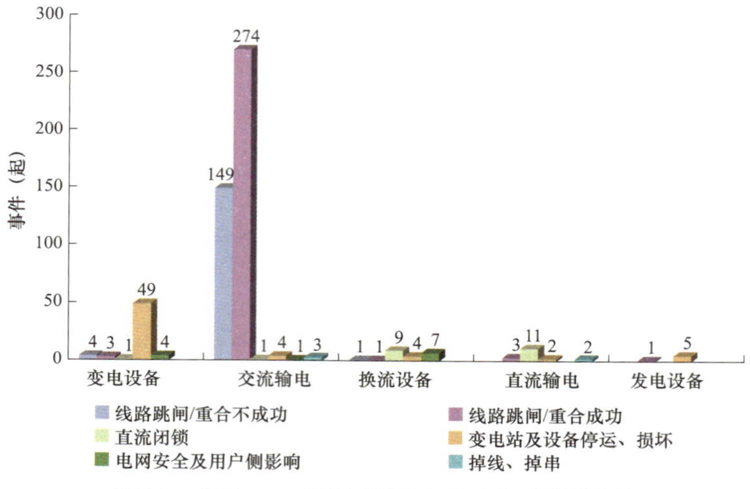

图 35　公司 2022 年起因设备与影响关联数据统计

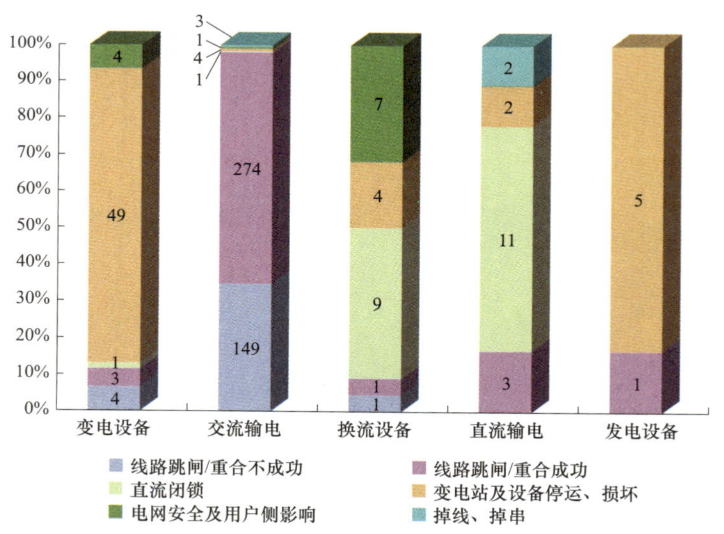

图 36　公司 2022 年起因设备与影响关联数据比例分布统计

4. 事件原因与影响关联分析

环境因素引发的 181 起事件中，造成线路跳闸 174 起，占 96%；气象因素引发的 245 起事件中，造成线路跳闸 239 起，占 97%；设备因素引发的 74 起事件中，造成变电站及设备停运、损坏 47 起，占 64%；人为因素引发的 15 起事件中，造成变电站及设备停运、损坏 6 起，占 40%；其他因素引发的 24 起事件中，造成线路跳闸 17 起，占 71%。公司 2022 年事件原因与影响关联数据统计见图 37。

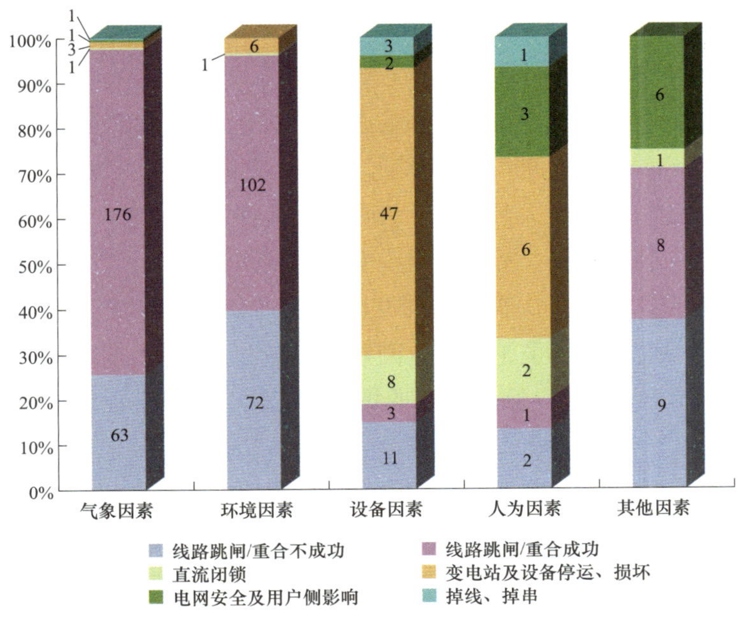

图 37 公司 2022 年事件原因与影响关联数据统计

（六）暴露问题及防范措施

分析 540 起电网事件、设备事故事件，暴露出恶性误操作仍未杜绝、二次专业管理存在短板、重点隐患排查治理不到位、特高压设备状态认知不足、自动化专业管理不到位、换流站设备故障较多、变电设备质量问题突出、线路掉线掉串事件仍有发生、山火导致线路停运趋于严重，自然灾害对电网影响较大等问题。

1. 恶性误操作仍未杜绝

2022 年发生"9·1"宁夏银川东带电合接地刀闸恶性误操作，造成 750 千伏主变压器低压侧三相短路跳闸，随后未对试验结果作全面科学准确判断即恢复送电，造成主变压器二次冲击故障。暴露出生产安全管理混乱，在作业组织、现场管理、防误操作、故障处理多个环节严重失职失责，运维人员严重违反《安规》、"两票三制"，倒闸操作严重违章等问题。

典型案例

- 2022 年 9 月 1 日，宁夏超高压公司在进行 ±660 千伏银川东换流站 750 千伏 1 号主变压器低压侧 66 千伏Ⅰ母转检修操作过程中，运维人员在无人监护情况下，违规使用万能钥匙，擅自解锁，带电误合主变压器侧 6601617 接地刀闸，造成 750 千伏 1 号主变压器低压侧出口三相金属短路，1 号主变压器跳闸。9 月 2 日，在对检查试验结果未作全面准确判断后恢复主变压器送电，造成主变压器二次冲击故障损坏，A、C 相主变压器返厂检修。（恶性误操作/五级设备）

防范措施 》

（1）强化安全责任落实。坚持“管业务必须管安全”，严格落实专业部门安全责任，执行作业风险分级到岗到位要求，严格计划、组织、实施、管控、督导各环节审核把关。落实站长、班组长等关键岗位人员责任，强化安全管理要求落地，严格执行标准化作业程序，加强班组安全能力建设，提升班组安全技能水平。

（2）强化倒闸操作管理。认真落实风险点辨识、“两票三制”“五级五控”等要求，严格倒闸操作到岗到位和现场监护制度，刚性执行停电、验电、挂接地线技术措施，认真核对设备名称、编号和位置，严格执行监护复诵制度，严禁无命令操作、越权限操作、单人擅自操作。

（3）强化防误闭锁管理。定期开展防误闭锁专项培训，确保班组一线人员“四懂三会”。结合公司要求梳理、修订各单位防止电气误操作管理实施细则，强化专业管理和安全监督责任，完善考核惩处机制。定期对防误装置投入率、完好率进行检查，保证防误装置与主设备同步运行，确保“五防”功能完善。严格落实防误装置解锁操作批准程序，严格解锁钥匙管理。

（4）规范做好故障处置。配足配齐各类试验装置、安全工器具、仪器仪表等硬件设施，强化试验人员技能培训，提高对设备故障的研判能力。提升设备技术管理水平，全面梳理、完善各变电站（换流站）现场运行规程，加强各类故障处置分析，健全重要设备故障恢复送电会商研判机制，明确恢复送电过程中各方、各层级安全责任，确保不出现安全责任盲区。

2. 二次安全管理存在短板

2022 年发生 3 起与二次设备、作业直接相关的事件，四川“5 • 22”普提变电站因二次作业误碰导致线路跳闸事件，“7 • 27”路平变电站因合并单元配置文件错误导致故障越级、主变电站跳闸，“6 • 22”芒康变电站因施工遗留二次短接线导致母线跳闸，暴露出二次安全管理在二次安措、现场作业、施工验收等环节存在漏洞，突出反映出施工、厂家人员对二次安全风险认知不足、作业随意，运维检修、管理人员二次专业技能不足、把关失效。

典型案例

- 2022 年 5 月 22 日，国网四川电力送变电建设有限公司在 500 千伏普提变电站内开展“白鹤滩 500 千伏配套工程 500 千伏普提变电站改造”基建施工作业过程中，作业人员执行二次安全措施时，因操作不慎导致插接在运行端子上的试验短接线脱落，造成 500 千伏榄普二线 5022 开关跳闸。（六级设备）

- 2022 年 6 月 22 日，西藏公司 110 千伏芒盐线发生雷击故障，线路两侧线路保护动作跳闸，500 千伏芒康变电站 110 千伏双套母线保护因芒盐线 CT 变比错误动作跳闸，造成芒康变电站 110 千伏Ⅱ母、110 千伏盐井变电站及 35 千伏徐中变电站、罗热变电站、莽措湖变电站失电，损失负荷 1 兆瓦。（六级电网）
- 2022 年 7 月 27 日，四川 500 千伏路乐二线发生雷击故障，线路两侧保护动作跳闸，重合成功，500 千伏路平变电站 1 号主变压器 1 号保护因 5011 开关 1 号合并单元配置文件错误动作跳闸。（六级设备）

防范措施 》

（1）加强二次安全措施执行管理。落实《国家电网公司电力安全工作规程　变电部分》（Q/GDW 1799.1—2013）要求，对需要拆断、短接和恢复同运行设备有联系的二次回路工作，规范填用二次安全措施票，将涉及的二次工作地点、主要任务和防止二次误碰的安全措施等纳入工作票，严格履行工作票签发、许可流程，做好二次作业安全、技术交底和现场监护，杜绝保护“三误”事件。

（2）强化二次专业管理。完善智能站二次试验工作程序，加强合并单元重启后配置文件对比核查，研究改进现场试验方法，重启后对合并单元关键二次回路采样再检验。强化设备巡视分析，确保智能站配置文件的正确性。严格合并单元出厂审核把关，确保软件系统正确可靠。

（3）严格二次验收试验管理。加强在建工程二次设备隐患排查治理，严防遗留问题隐患。针对二次专业性强、隐蔽性高、业务高度依赖厂家等特点，进一步加强作业负责人和一线人员的技术交底、技能培训，规范执行试验验收等规程规定和技术标准，切实发挥出调试验收、检修预试、专业巡检等的把关作用，对于问题疑问要“打破砂锅问到底”，有效发现并消除二次设备隐患。

（4）强化二次隐患排查治理。对在运老旧二次设备存在的端子插孔孔径增大、端子排操作空间狭小等影响作业安全的风险进行全面梳理，加强风险警示，指导施工、运维人员落实有效的风险管控措施。针对不具备多路电流输入功能的老旧保护装置，统筹利用技改大修资金项目，有序推进老旧设备改造更换，用技术手段减少保护“三误”风险。严格落实十八项反措要求，对于 330 千伏及以上和涉及系统稳定的 220 千伏变电站（采用常规互感器），新建变电站取消应用合并单元，采用电缆直接采样的方式将二次电流引入保护装置，在运变电站根据电网结构中的重要程度，结合改造工作，有序拆除合并单元。

3. 重点隐患排查治理不到位

2022 年 4 月 17 日江西 500 千伏梦山变电站电缆沟内低压电缆短路着火，导致站用直流失电、多条 500 千伏线路被迫停运事件，暴露出未充分吸取公司系统近年来同类事件教训，对电缆混放风险未管控到位，对电缆沟消防、防火隔板和槽盒敷设不全等隐患排查治理不彻底，站内电缆沟道薄弱点、风险点管控措施不足，视频监控系统等辅助设施安全管理存在盲区等问题。

典型案例

- 2022 年 4 月 17 日，国网江西电力 500 千伏梦山变电站站内电缆沟 220 伏视频监控电缆发生短路着火，导致 51、52 保护小室站用直流系统电源电缆受损，造成保护小室内 500 千伏线路保护，500 千伏Ⅰ、Ⅱ母线保护和站内稳控装置失电，咸梦Ⅰ线等 6 回 500 千伏线路停运。（六级设备）

防范措施 》

（1）扎实开展专项治理。强化变电站电缆沟火灾隐患专项排查治理，突出抓好特高压站、枢纽站，重点排查是否存在混沟电缆老化隐患、是否落实分沟分层分侧敷设原则、是否加装防火隔板等措施，切实做到真排查、真整治。

（2）强化源头风险管控。落实公司全面强化安全责任 38 项措施第 19 条“各级规划设计、建设部门要管住源头，严格执行各项反措要求，及时完善相关标准，加大差异化设计，严防前端环节产生和遗留安全隐患。”在新、改、扩建变电站严格落实十八项反措等要求，加强专业协同，强化设计审查，保证施工质量，严格完工验收，坚决避免从源头遗留风险隐患。

（3）提升安全管控能力。加强运维人员岗位技能培训，排查分析在岗运维人员专业能力短板，做好运维人员尤其是新上岗人员专业技能培训，提升对主、辅设备的异常辨识、故障处置能力，做到“明原理、懂操作、知风险、会防范”。加强消防等设施管理，提高有效性、可靠性，发生火情能够及时告警、准确定位，有效指导现场应急处置。研究提高直流电源状态监测和故障告警能力，完善站用直流电源监测、报警装置和手段，发生故障第一时间提醒，指导监控、运维人员及时处置。

4. 特高压设备认知存在不足

2022 年 11 月 4 日，±800 千伏特高压祁连换流站极Ⅰ低端 Y/D–A 相换流变压器因网侧出线均压管存在工艺质量缺陷故障。暴露出部分特高压设备存在工艺质量缺陷，在运换流变压器监测保护装置的故障预警及时性不够，现有试验和检测手段对换流变压器绝缘微小缺陷不敏感，在特高压设备的认知水平、监测手段、管控能力等方面还存在不足的问题。

防范措施 》

（1）抓好科研和设计支撑，持续推进特高压设备关键技术深化研究，进一步深入分析特高压换流变压器的问题隐患，研究准确有效的设备状态在线监测手段，大力推广前期应用良好的在线监测方法，提高特高压设备状态在线监测水平。

（2）加强换流变压器制造全过程工艺质量管控，对网侧出线均压管、线圈端部角环等关键部件，制定严格的质量管控措施，提高入厂检验标准，完善关键制造工艺过程质量检查和监督机制，确保关键部件质量。

（3）加强特高压设备隐患排查工作，重点梳理特高压设备设计、现场安装、原材料采购、厂内装配制造工艺等问题，坚持“发现一起，排查一批”，提高隐患排查治理重要性、紧迫性，健全隐患排查工作机制。

（4）提升在运换流变压器故障预警能力。开展油色谱在线监测装置双重联动配置，缩短检测周期、增强抗干扰能力；优化换流变压器气体继电器配置和位置布局，升高座独立配置气体继电器和单氢监测装置；推进换流变压器多参量综合监测装置工程试点应用；加快研发单乙炔实时监测、多组分油色谱快速检测及预警技术。

5. 自动化专业作业管理有漏洞

2022 年发生辽宁“3·1”厂家人员操作不当，导致 AGC 系统误下指令事件，暴露出二次系统安全风险认识不到位，安全意识淡薄，作业行为随意，调度自动化系统管理职责不清，软件防误功能不健全，专业队伍技能弱化，自动化专业运维过度依赖厂家等技术支撑单位，专业管理和人员技能存在弱化等问题。

典型案例

- 2022 年 3 月 1 日，因运维厂家人员操作不当，误将辽宁公司调度 AGC 备用系统切为主机运行，导致 AGC 系统误下指令。（六级电网）

防范措施 》

（1）严格自动化系统维护作业全过程管理，作业前将系统重要的软件、配置文件和数据备份。作业过程需由相关自动化专业管理人员全程陪同，操作流程应由熟悉电力系统化系统安全管理规定和相关技术要求的监护人全过程监护。作业完成后应详细记录作业流程，形成文档备案。

（2）强化调控作业安全管理，部署运维堡垒机，建立“执行”与“监护”双机运行环境，全面监控运维行为，对关键操作实行监护人密码授权机制。

（3）严格执行自动化系统作业多专业危险点审核机制，充分分析作业风险点，并对自动化系统作业人员进行详细的安全与技术培训，保证危险点及安全防范措施落实到位。

6. 直流设备质量问题多发

2022 年换流站内事件 22 起，涉及变压器、穿墙套管、避雷器、断路器、光 CT、电流互感器等多类设备。甘肃换流变压器故障，造成设备损伤；山西穿墙套管故障，造成直流极Ⅰ闭锁；陕西避雷器故障，导致金属回线纵差保护动作，极Ⅱ闭锁；江苏断路器故障，导致交流滤波器跳闸和设备损伤；西藏光 CT 故障，导致极Ⅱ闭锁；湖南电流互感器故障，导致线路跳闸和设备损伤，暴露出换流站部分设备质量把关不严，隐患整改治理不到位，部分设备多次故障等问题。

典型案例

- 2022 年 2 月 14 日，山西公司 ±800 千伏雁门关换流站因穿墙套管故障，导致雁淮直流极Ⅰ闭锁。（七级电网）
- 2022 年 2 月 24 日，西藏公司 ±400 千伏柴拉直流（柴达木—拉萨）因拉萨换流站内光 CT 故障，极Ⅱ闭锁。（六级电网）
- 2022 年 5 月 26 日，陕西公司 ±800 千伏陕武直流因金属回线避雷器故障，金属回线纵差保护动作，极Ⅱ闭锁。（六级设备）
- 2022 年 9 月 11 日，江苏公司 ±800 千伏泰州换流站因断路器故障，导致 500 千伏滤波器母线差动保护动作，进线开关三相跳闸，同时还造成相邻设备损伤。（五级设备）
- 2022 年 10 月 11 日，湖南公司 ±500 千伏鹅城换流站电流互感器故障，导致 500 千伏Ⅰ母、鹅博甲线跳闸，相邻设备受损严重。（五级设备）

防范措施 »

（1）加强直流系统、老旧设备深度隐患排查等工作，对易引发换流设备闭锁的相关隐患进行再排查、再治理；对已发生故障同类型、同批次设备开展状态监视和家族缺陷排查。

（2）强化设备质量全过程管理，开展现场标准化作业，严格执行设备巡检有关规定，及时排查整治已发现的隐患设备，不断提高状态监测能力。

（3）针对换流站设备故障多发，在工程建设中施工、安装、监理等单位要认真履行自身安全职责，建立现场安装质量管控机制，抓好设备进场验收、安装调试、试验移交等重点环节的质量管控。

7. GIS 等设备质量问题仍然频发

2022 年发生 61 起变电设备故障事件，主要集中在 GIS、套管、CT 等设备，且一旦故障极易造成母线、主变压器停运。天津“5•25”开关刀闸拉弧放电导致母线跳闸事件，暴露出设备维护不到位，设备状态不了解的问题。辽宁“6•30”组合电器（GIS）气室内部故障放电导致双母线同时跳闸事件，故障的 GIS 设备投产时间不到 1 年，暴露出站内设备投运验收质量环节把关不严的问题。四川“10•5”、冀北“12•26”变压器故障跳闸，设备严重受损，暴露出站内主设备，特别是套管没有有效的在线监测手段，个别设备存在制造质量不良，带缺陷运行的问题。四川、湖南发生多起电流互感器故障导致母线跳闸事件，暴露出电流互感器设备存在绝缘裕度不够，制造工艺不良、运行时间较长绝缘性能老化等问题。

典型案例

- 2022 年 5 月 25 日，天津公司 500 千伏滨海变电站开关刀闸拉弧放电，导致 220 千伏 5 甲母双套母差保护动作跳闸。（六级电网）
- 2022 年 6 月 30 日，辽宁公司 500 千伏盛京变电站 GIS 气室内部故障放电，导致 220 千伏 Ⅰ 母和 Ⅱ 母同时故障跳闸。（六级电网）
- 2022 年 8 月 22 日，四川公司 500 千伏洪沟变电站因 5031 开关 C 相 CT 故障导致 500 千伏 1 号母线、普洪二线 C 相同时跳闸，线路重合不成功。（七级设备）
- 2022 年 10 月 5 日，四川公司 500 千伏普提变电站 2 号主变压器双套差动保护动作跳闸，主变压器中压侧 C 相套管发生贯穿性破裂，A、B 相套管安装法兰发生撕裂，西南电网频率最低降至 49.89 赫。（五级设备）
- 2022 年 12 月 26 日，冀北公司 500 千伏金山岭变电站 2 号主变压器（西电西变，2011 年 12 月投运）因中压绕组对地放电，本体差动保护动作跳闸，重瓦斯动作、压力释放告警，故障造成变压器本体油箱变形、高压套管断裂、中压套管将军帽移位、低压套管将军帽开裂。（五级设备）

防范措施 》

（1）加强变压器、开关、GIS 等设备的状态评估，高度重视设备本体和相关附属配件质量管控，加强供应商资质能力核实，设备质量管理分析工作，杜绝设备带病入网。

（2）互感器等充油设备故障极易引起爆燃，威胁现场巡视运维人员的人身安全和周边区域设备的安全稳定运行，需加强管理运维，研究运维人员巡视时安全防护提升措施。

（3）加强主设备建设施工阶段质量管控，做好主设备验收工作，确保新设备无隐患入网。

（4）抓好故障分析和隐患治理，组织科研单位开展主设备状态监测技术攻关，对多次出现相同故障的设备，研究提高设备可靠性技术手段。

8. 线路掉线、掉串时有发生

2022 年线路掉线、掉串事件发生 5 起，暴露出金具、绝缘子存在质量缺陷等问题，威胁交直流电网安全运行。线路刚投运就故障、就消缺的问题突出，例如陕武直流在 2021 年 12 月投运，仅投运不到 2 个月，2022 年 2 月就因降雪天气发生线路横担受损、光缆脱落、地线脱落等问题。雅湖直流在 2021 年 6 月投运，投运不到一年，2022 年 2 月因覆冰天气发生地线掉落。以上反映出设备质量不高、施工质量不高、验收把关不严等问题，需要进一步加强施工质量管理，强化线路巡视维护，突出抓好特高压线路，遭受过大风、雨雪冰冻等极端天气影响的线路的缺陷隐患整治。

典型案例

- 2022 年 2 月 8 日，陕武直流河南段极Ⅱ线路 1865 号塔地线横担受损、极Ⅰ线路 1866 号塔 OPGW 光缆脱落、极Ⅱ线路 1898 号塔小号侧地线脱落、双极线路 1895～1898 号塔地线防震锤变形、线夹倾斜、地线脱落等。（六级设备）
- 2022 年 2 月 12 日，湖南公司雅湖直流极Ⅱ0932 号塔地线脱落，雅湖直流极Ⅱ紧急停运消缺。（六级设备）
- 2022 年 8 月 8 日，四川公司 500 千伏普洪二线 B 相因 191 号导线大号侧 1 号子导线从耐张线夹脱出断开后，导线掉落地面故障跳闸，重合不成功。（六级设备）
- 2022 年 8 月 25 日，湖南公司 500 千伏潇星Ⅱ线 55 号塔因 A 相 V 串绝缘子掉串故障跳闸，重合不成功。（六级设备）
- 2022 年 12 月 4 日，湖南公司 500 千伏古星Ⅰ线因绝缘子掉串，导致 C 相跳闸，重合不成功跳三相。（六级设备）

防范措施 »

（1）加强绝缘子、金具等输电线路设备施工阶段质量管控，抓好故障分析和隐患治理，确保新设备无隐患入网；梳理在运线路技术台账，针对运行线路进行风险评估，重点排查金具、复合绝缘子等发热情况，整治运行年限较长、运行工况不良的线路设备隐患，切实提升输电设备本质安全水平。

（2）针对极端天气发生频繁，易掉线、掉串区域制定改造措施，提高金具串的强度等级，杜绝重复发生类似故障，并加装图像、气象类在线监测装置，收集整理气象数据信息，指导差异化运维，落实差异化设计管理措施。

（3）加快推进输电线路全线可视化，实现设备状态实时感知、重大隐患监控及时预警。同时结合停电计划，对输电线路类似峡谷地形环境的大档距、大高差微地形微气象区段，加装导、地线后备保护措施，提升设备抗灾能力，避免设备故障引发断线、掉线事件发生。

9. 山火对线路安全影响较大

2022 年，500 千伏及以上输电线路因山火、烧荒故障停运 16 起，其中造成五级事件 5 起，严重影响线路安全和电网稳定运行，反映出部分单位对山火等突发性现场情况掌握不充分，信息掌握不准确，山火易发区域、重要输电通道可视化监测能力不足等问题。

典型案例

- 2022 年 1 月 5 日，四川公司 500 千伏月雅一、二线因山火故障跳闸。（五级电网）
- 2022 年 8 月 12 日，湖北公司 500 千伏兴咸一、二线因山火导致先后故障跳闸。（五级电网）
- 2022 年 8 月 21 日，重庆公司 500 千伏珞南一、二线因山火故障跳闸。（五级电网）
- 2022 年 11 月 11 日，四川公司 500 千伏塘乡一、二线因山火故障跳闸。（五级电网）
- 2022 年 12 月 12 日，山西公司 500 千伏忻石一、二线因山火故障跳闸。（五级电网）

防范措施 »

（1）对于极端高温天气、春秋季等山火高发时段和迎峰度夏等高负荷时段，相关单位应加强输电线路巡视监测，加强重要输电通道值守看护，及时完善电网、设备应对山火的专项处置预案，保证输电线路设备安全和大电网安全运行。

（2）深化应用防山火在线监测装置，充分应用科技手段，加大对山火险情管控，发现火险及时预警，在必要的时候采取停运避险等措施降低电网安全运行风险。

（3）继续加强与各级政府沟通汇报，协同地方政府组织专业人员开展烧除、科学管控烧除工作、强化烧除工作监督、问责违规人员。进一步压紧压实各级主体责任、属地运维责任，牢固树立风险防范意识、责任落实意识，认真做好对村民的烧除方式指导和现场蹲守工作。

10. 自然灾害对电网影响偏重

2022 年，地震、雷击、风害、冰害、雪灾等气象因素引发事件 245 起，占事件总数的 45%，四川“9 • 5”6.8 级地震造成甘孜州 5 座 110 千伏变电站停电，陕西、河南等非传统覆冰区域遭受多轮次极寒冰冻灾害，西藏遭受多轮极端雨雪天气，威胁电网安全和可靠供电。

■ 雷害

雷害引发事件182起，占电网、设备事故事件总数的34%，占气象因素总数的74%。其中，500千伏以上线路发生128起，6～8月多发，四川、西藏输电线路受雷击影响较大。

典型案例

- 2022年3月16日，湖北电网遭受强对流雷雨天气，局部出现飑线风、冰雹等恶劣天气，造成4条500千伏线路、4条220千伏线路跳闸。（七级设备）
- 2022年3～9月，四川公司因雷击造成500千伏及以上线路跳闸47次。

■ 风害

风害引发事件35起，占气象因素总数的14%，其中五级事件2起，500千伏以上线路发生26起，地域分布相对分散，受台风和强对流天气影响6、7月多发。

典型案例

- 2022年6月20日，吉林公司500千伏扎兴1、2号线因大风跳闸，重合不成功。（五级电网）
- 2022年7月20日，江苏盐城响水地区发生局部强对流天气，造成1条500千伏线路、3条220千伏线路跳闸，500千伏倒塔1基、受损3基，220千伏倒塔1基。（五级设备）

■ 覆冰、雪灾、暴雨、地震、泥石流

覆冰、雪灾、暴雨、地震、泥石流引发事件28起，占气象因素的11%，其中五级事件3起、六级事件7起，500千伏以上线路发生19起，1、2月多发，2022年西藏、河南和四川受灾较重。

典型案例

- 2022年1月21～22日，山西公司因冰害导致5条500千伏线路（临会一线、临会二线、左潞二线、风运一线、风运二线）跳闸6次，重合不成功。（五级电网）

- 2022 年 9 月 5 日，四川甘孜州泸定县发生 6.8 级地震，造成四川公司 500 千伏石棉变电站 3 台主变压器漏油，5 座 110 千伏变电站、4 座 35 千伏变电站停运，1 条 500 千伏线路跳闸、5 条 110 千伏线路跳闸、9 条 35 千伏线路停运、46 条 10 千伏线路停运，958 个台区、43158 户用户停电。（五级电网）
- 2022 年 10 月 25～26 日，西藏地区经历暴雪、寒潮极端天气，500 千伏线路（波林 1 线、左波 2 线）、11 条 110 千伏线路，186 条 110 千伏以下线路跳闸，2481 个台区、5.9 万用户停电，累计损失负荷 3.254 万千瓦。（五级设备）

防范措施 》

（1）强化灾害天气预警，针对反复出现覆冰的线路区域，常态化做好应急预案，队伍、物资、装备工作。对于恶劣天气易发区域，规划中应适当提高输电线路设防标准，优化线路走向，适当提高线路机械强度，电气绝缘裕度及铁塔承载安全系数，从源头应对极端恶劣天气的能力，对于已建成线路逐步实施差异化抗冰治理，加强精益化运维，尽量减少故障跳闸次数，避免同一输电断面同停发生。

（2）开展防风偏的新技术、新设备应用，全面开展输电线路防风偏提升措施研究，对垂直固定式防风偏绝缘子串、阻拦式防风偏技术，锚地式防风偏技术、绝缘拉索防撞护套等技术手段开展可行性应用研究。

（3）进一步加强与气象部门的联系，针对极端恶劣自然灾害天气，做好输电线路遭受暴风雪等自然灾害天气的预防工作。同时应在线路设计阶段，加强对沿线附近已建线路运行情况的调查，充分考虑各类不利因素的影响，提高输电线路抵御灾害天气的能力。

二、人　身　事　故

2022 年，发生人身事故 3 起、死亡 3 人。

（一）西藏墨脱县供电公司“4·9”人身事故

1. 事故经过

4 月 8 日，在未经现场勘察、未编制作业方案的情况下，墨脱县公司总经理唐×、副总经理饶××口头商定同意对 10 千伏背西线故障处置工作安排，供电服务中心副主任王××在微信工作群内发布作业任务及作业人员名单。

4 月 9 日 9 时 40 分，在未上报作业计划、未告知客户、未填写工作票的情况下，饶××带领供电服务中心变电运检班班长建×、营销综合管理班长次×××（事故遇难者）、输配电运检班班长李××等共 8 人开展故障处置工作。经现场核实 10 千伏背西线 209 号塔分段开关在分位且隔离刀闸已断开后，14 时 30 分，饶××安排人员登塔验电确认线路无电压后，在未装设接地线、未断开线路所带用户专用变压器进线侧跌落开关的情况下，组织开展受损导线更换和线路搭接工作。

4 月 9 日 18 时 13 分，线路搭接工作完成后，饶××发现 240 号塔 B 相引流线距离铁塔脚钉过近、不满足送电要求，便安排次×××上塔处理隐患，次×××在未对线路进行验电、未装设接地线情况下登塔进行隐患处理时触电，经抢救无效死亡。

2. 事故原因

（1）次×××在未断开用户进线侧跌落开关、未验电、未装设接地线的情况下，冒险登塔作业。

（2）10 千伏背西线 335 号塔 T 接专用变压器客户自备发电机反送电，导致在 240 号塔上作业的次×××触电身亡。

3. 暴露问题

（1）作业人员安全意识淡薄。“十不干”要求有禁不止，作业人员在未验电、未装设接地线、未断开用户进线侧跌落开关的情况下进行高压停电检修作业，不执行基本的安全技术措施，严重违反配电安全规程规定。

（2）作业组织管理混乱。墨脱县公司“四个管住”要求不执行，事前不勘察、不制定施工方案、反送电风险未识别，风险分析与预控严重不到位，现场作业无计划、无工作票，生产作业组织失序，风险从任务发起的源头失控。

（3）专业安全管理失控。林芝公司对故障处置工作缺乏管理，供电服务中心下达工作任务随意，任务分工不明，专业部门对作业过程失管失控，对现场管理混乱、长期习惯性违章问题失察。

（4）自备电源管理不到位。墨脱县公司对客户自备电源情况不掌握，未落实自备电源应与电网电源装设可靠电气或机械闭锁装置等反送电要求。

（5）安全培训不到位。林芝公司、墨脱县公司对公司安全规程、规章制度宣贯培训不到位，管理人员、作业人员对最基本的安全工作要求不掌握、不执行，员工安全技能素养与岗位需求存在较大差距。

4. 防范措施

（1）强化安全生产思想认识。深入贯彻落实习近平总书记关于安全生产的重要论述和指示批示精神，坚持“生命至上、人民至上”，树牢安全发展理念。强化安全红线意识和底线思维，对照安全责任落实38项措施。通过安全警示教育和各类事故通报学习，全力提升全员安全意识。

（2）严格落实安全生产责任制。严格按照“党政同责、一岗双责、齐抓共管、失职追责”要求，健全全员安全生产责任制，规范安全责任清单管理，严格履行各级领导和专业安全责任，把各项措施落实到岗位、穿透到基层、执行到一线。全面开展安全管理和现场管控问题排查，健全安全监督机构，严格落实“三管三必须”要求，切实抓好各项问题整改。

（3）强化作业组织管理。要规范报修工单处理流程，强化专业部门故障处置、消缺作业安全管理。要规范作业计划管理，加强现场勘查和风险辨识、评估，规范施工方案和风险管控措施编审批管理，落实风险督查制度。要充分做好作业准备，严格工作票填写、签发，做好安全工器具和个人防护用品的检查。

（4）严格落实现场安全管控。按照《安规》相关要求，切实断开所有存在来电风险的开关，落实好验电、挂地线等保证人身安全的基本措施，认真开展安全技术交底，落实现场作业监护制度。严格落实作业现场领导干部和管理人员到岗到位制度，加强各级安全督查中心和安全督查队现场检查力度，对存在的违章问题严肃通报考核。

（5）强化用电安全管控。加强客户自备电源管理，准确掌握用户自备发电机、分布式电源情况，严格执行反送电风险管控措施，落实机械或电气联锁等防反送电的强制性技术要求。定期完善配网接线图，及时更新客户侧电源情况。

（6）加大反违章工作力度。落实106号文件要求，发挥安全保证体系和监督体系合力，严抓行为违章、深挖管理违章，严格落实严重违章惩处和停工措施。对照重大、较大隐患清单，深入排查治理现场安全隐患。加强对各级安全督查中心、安全督查队伍建设、运转成效的评价，提升工作质效。

（7）加强上划县安全管理。要加强上划县安全管理帮扶和指导，对照法规制度组织开展安全生产评估，加快健全安全管理体系。要从严从细从实从速宣贯执行安全工作规程，强化上划县公司管理人员、作业人员安全和业务培训，提升规范作业的意识和能力。

（8）严格事故责任追究。依据《国家电网公司安全工作奖惩规定》，按照负主要责任的一般事故对林芝公司、墨脱县公司有关人员进行处罚。

（二）四川眉山市供电公司“4·16”人身事故

1. 事故经过

4 月 16 日，富牛供电所按照作业计划，组织实施 10 千伏观土线绝缘化改造及消缺工作，工作停电范围为 10 千伏观土线全线。按照作业安排，当天工作按照不同作业内容共分为三个小组，并采取总工作票和小组任务单方式分别履行工作手续。4 月 16 日 10 时 50 分，第三小组完成 10 千伏观土线 1 号杆、下祠支线 11 号杆和观盛支线 7 号杆的设备线夹消缺作业后，肖××驾驶车辆带领第三小组成员一同前往 10 千伏观土线 30 号杆进行作业。在途经 10 千伏观光线 17 号杆（非工作票作业内容）时，擅自扩大工作范围，组织开展观光线 17 号杆处设备线夹的更换工作，李××在未核对杆号牌的情况下登杆，未验电、未装设接地线，发生触电死亡事故。

经调查问询得知，2022 年 3 月，肖××曾带队对 10 千伏观光线设备线夹进行了一次消缺更换，但 17 号杆处的缺陷线夹一直未更换。在本次消缺作业途经 10 千伏观光线 17 号杆时，肖××计划完成该项遗留工作。同时，凭借对线路结构的印象（肖××自 2016 年负责 10 千伏观光线线路及台区运维管理工作），认为 10 千伏观光线与下祠支线（当日已完成的第二个作业点所在支线）在同一电源段，便基于下祠支线处于停电状态的事实，推断 10 千伏观光线 17 号杆也没电，故擅自组织开展该处设备线夹的更换工作。但实际情况是，下祠支线已于 2017 年 8 月由 10 千伏观光线 7 号杆改至 10 千伏观土线供电，事故发生时，10 千伏观光线 7 号杆处于带电运行状态。

在消缺工作中，肖××未履行安全交底程序，也未告知小组成员作业具体地点，小组成员对计划工作地点不清楚。

2. 事故原因

（1）直接原因。工作班成员李××违反《安规》规定，不清楚作业地点，登杆作业不校核杆号、不验电、不挂接地线，不落实作业现场基本安全工作要求，冒险作业。

（2）间接原因。

1）小组负责人肖××擅自改变作业计划，超出停电范围组织作业人员开展工作票之外的工作，对线路带电状态的判断存在重大错误，违章指挥。

2）三新东坡分公司和富牛供电所安全管理人员履行安全生产管理职责不到位，督促检查本单位安全生产工作不到位，制止李××违章冒险登杆不力。安全生产主体责任落实不到位，布置安全工作不严、不实、不细。安全风险分级管控、安全教育培训以及督促作业人员执行安全生产规章制度和操作规程不到位。落实本单位安全生产规章制度和操作规程不到位。

3）东坡区供电中心生产作业组织管理失控，对配（农）网作业风险缺少针对性管控措施，安全教育培训不到位。

3. 暴露问题

（1）作业实施盲目。员工自我保护意识差，习惯性违章问题突出，作业人员“上车就走、停车就干”，不掌握停电范围、工作地点和安全措施，工作盲从。“十不干”有禁不止，小组工作班成员登杆作业不核对杆号、不验电、不装设接地线，将基本的“保命”安全措施抛之脑后，冒险作业，严重违反《国家电网公司电力安全工作规程（配电部分）》第3.6.4条等规定。

（2）现场组织无序。“四个管住”要求不落实，现场作业风险失控，现场勘察组织不严，小组工作负责人不进行安全交底、不执行计划工作、不落实安全措施，凭经验盲目判断线路停电情况，违章指挥工作班成员开展工作票范围外的工作。

（3）专业管理粗放。配（农）网小型、分散作业安全管控工作要求执行落实不到位，缺少工区、班组操作层面规范要求和管控手段，配（农）网标准化作业流于形式，现场工作组织实施随意。配（农）网设备异动管理及相关技术培训不到位，小组工作负责人对现场设备变动情况不掌握。

（4）安全意识不足。员工安全警示教育不到位，“三不伤害”意识淡薄，业务技术和安全培训针对性不够，安全技能素养与岗位需求存在差距。抓安全规章制度执行不严，日常反违章工作开展不力，习惯性违章问题突出。

（5）合规意识不强。部分管理人员执行公司《安全事故调查规程》不严格，严重违反公司事故信息报送工作要求，未按要求将事故信息报送至上级单位，存在迟报瞒报问题。

4. 防范措施

（1）强化安全思想认识。深入贯彻落实习近平总书记关于安全生产的重要论述和指示批示精神，牢固树立安全红线意识和底线思维，进一步提高政治站位，充分认识做好当前安全生产工作的极端重要性和紧迫性，全面压紧压实安全生产责任，严格按照“党政同责、一岗双责、齐抓共管、失职追责”和“三个必须”要求，层层传递安全压力。

（2）压紧压实安全责任。严格执行公司全面强化安全责任落实38项措施，按照“三管三必须”要求，进一步梳理完善领导干部“两个清单”和岗位安全责任清单，落实“一把手”责任、分管责任、专业责任，加强宣贯培训，切实让各级人员知责、明责。逐级抓好安全履职评价考核，推动各级单位不折不扣将相关制度要求转化成现场执行力，确保安全工作贯穿至业务工作的始终，不断增强各级领导干部主动履责意识和能力。

（3）强化配（农）网专业管控。加强专业部门对业务实施全过程安全风险管控，持续强化班组人员技术培训，严格落实设备主人制度，抓好配（农）网设备异动管理、隐患排查治理。加强配（农）网作业组织和现场安全管理，认真执行“五级五控”“六杜绝六加强”“五同时”等工作要求，细化完善小型、分散、多点、转移等作业管控规范，加强作业风险辨识和预控，严格《安规》和“十不干”执行，确保作业安全。

（4）提升安全基础投入水平。加大农电员工技术技能和安全培训投入和力度，探索开展岗位资格能力和安全等级认证评价，确保员工业务能力资格和安全素养与岗位相适应。持续强化《安规》和“两票”培训及执行评价，不断提高作业人员危险点辨识与防范能力，切实提升农电员工规范作业的意识。足额保障安全费用投入，加大安全设施设备投入力度，规范安全工器具配置、使用和检测管理，确保满足现场安全作业需要。

（5）加大反违章工作力度。坚持“违章就是隐患、违章就是事故”理念，补强各级安全督查中心、安全督查队伍力量，按照“全覆盖”原则，充分运用“远程+现场”督查手段，严厉打击严重违章，严格执行违章记分、处分等处罚措施。要依托风控平台开展各级安全督查中心、安全督查队伍工作量、工作成效评价评比，强化日常标准化、规范化运转，切实提升督查工作质效。

（6）理顺农电安全管理体制机制。进一步梳理农电管理存在问题，明晰产业单位和属地供电企业农电管理职责界面，加强供电所人、财、物投入和日常管理，严格按照“谁管理、谁负责”“谁管理、谁考核”原则，对农电工实施“同质化”管理，切实提升农电安全管理水平。

（7）严格事故信息报送。加强《安全事故调查规程》宣贯培训，逐级明确和落实事故信息报送要求，相关单位发生事故后，五个小时内要将事故信息报送至公司总部，坚决杜绝迟报瞒报。

（8）严格事故责任追究。本事故是一起负主要责任的一般事故，鉴于眉山供电公司、东坡区供电中心存在瞒报、迟报问题，依据公司《安全工作奖惩规定》第二十一条规定，提高一个事故等级，按照负主要责任的较大事故对眉山供电公司、东坡区供电中心有关人员进行处罚，对事故瞒报、迟报者按事故主要责任者给予处罚。

（三）宁夏送变电工程有限公司“4·22”人身事故

1. 事故经过

2022年4月22日，宁夏送变电公司开展750千伏灵州—青山输电线路工程144～149号段右相导线放线作业。10时30分左右，张力场导线即将放尽，此时牵引场尚未牵引到位（用于展放的导线长度不满足144～150号放线需求，但能够满足144～149号挂线需求），张力场工作负责人李××组织作业人员在导线后接续钢丝绳继续展放。现场没有使用钢丝绳绳盘支架，钢丝绳绳盘卧置于张力机进线侧的地面上，并将钢丝绳预先松下盘放于地面，由作业人员向张力机送绳。11时30分左右，4号子导线（在张力机进线侧面向张力机方向，自右至左分别为1～6号子导线）及其接续的钢丝绳在张力机轮盘上滑动，发生跑线，钢丝绳击打位于张力机进线侧的何××头部，导致安全帽帽壳与帽衬分离，并造成何××颅脑损伤。事故发生后，现场人员拨打 120 急救电话，何××经抢救无效死亡。

2. 事故原因

（1）直接原因。现场工作负责人李××明知将接续钢丝绳盘卧置地面的放线方式存在可能发生跑线的严重隐患，仍然违章冒险组织作业，安排作业人员在张力机进线侧牵拽钢丝绳尾绳，最终发生跑线导致人员死亡。

（2）间接原因。

1）施工项目部不作为，乱作为，技术管理混乱，现场管理失控；施工项目部安全员蒙×未履行安全监督职责，未制止现场严重违章行为。

2）旁站监理人员杨××不履责，不尽责，未制止作业班组擅自改变施工方案、张力机进线侧有人等作业严重违章行为。

3）工作班成员缺乏自我防护意识，违反安全规程和“十不干”要求，违章不使用钢丝绳盘架、在张力机进线侧工作。

3. 暴露问题

（1）现场管理人员不履责。现场作业人员未全部纳入作业票管理，在场的工作负责人、安全监护人、施工项目部安全员、监理人员未履行安全责任，未对临时作业方案进行风险辨识，未制定有效风险管控措施，未发现并制止人员违规行为，对现场问题失管失察。

（2）作业现场严重违章。国网宁夏电力专业部门和有关单位反违章工作不履责、不作为，事故发生前，现场存在 6 起严重违章，建管、施工、监理相关人员在场不管不问，纵容放纵，尤其是施工项目部明知钢丝绳盘横放于地面、人员在张力机进线侧作业等行为存在重大事故隐患，仍冒险组织作业，最终导致人员伤亡事故。

（3）劳务分包单位人员不满足安全作业要求。劳务分包单位提供的作业人员安全意识不强且患有影响安全作业的疾病，劳务分包单位未及时整改，违反该项目劳务分包合同“九、劳务分包人承诺”部分关于“提供合格的劳务作业人员”的约定。

（4）瞒报谎报事故信息。宁夏送变电公司、监理项目部和劳务分包单位等有关人员为逃避责任，故意隐瞒事故真相，编造现场人员死亡经过和因疾病导致死亡等信息，干扰事故调查。

4. 防范措施

（1）切实提高思想认识。深入贯彻“两个至上”理念，严格落实公司安全生产工作部署，切实转变思想、提高认识、端正态度，真正重视安全生产，摒弃事不关己、当“吃瓜群众”的错误观念，摒弃掩耳盗铃、自欺欺人的错误做法，下真决心、出硬措施，坚决扭转安全生产不利局面。

（2）压紧压实安全责任。进一步抓好安全责任落实，对照“两个清单”、对照事故暴露的管理问题，逐级评估各级领导干部和管理人员安全责任落实情况，评估各工程项目建管、监理、施工单位履职尽责情况，强化履责督责，严肃问责考核。

（3）强化基建现场管控。严格作业风险辨识评估，加强风控管控措施和施工方案编审批，强化作业票管理，确保安全管控措施针对性、有效性。强化三个项目部到岗到位把关，严格监理过程监督，现场布控球要“全覆盖”并具有本地存储或服务器存储功能。严守安全规程，杜绝侥幸冒险作业。

（4）加强人员准入管理。严把人员进场审查关，禁止不具备安全作业条件的人员进场。按照“干什么、学什么”原则开展各类作业人员安全培训，严格考核评价，规范开展现场交底，确保作业人员掌握现场危险点和安全作业技能。

（5）严格违章问题查纠。各专业管理部门要按照“三个必须”要求，严格履行安全责任，加强专业审核把关，开展现场安全检查，督促落实安全措施，抓好现场违章查纠。强化各级安全督查中心、安全督查队伍建设，加大现场检查力度，从严从重处理各类严重违章行为，确保现场作业安全有序。

（6）严肃事故调查纪律。严守纪律规矩，做好事故调查配合工作，如实向事故调查工作组提供相关信息，保护好事故现场，保存好相关文档资料、音视频存储记录等有关证据，在公司事故调查结论未出具前不得散布不实信息。

（7）严格事故责任追究。鉴于宁夏送变电公司及现场有关人员存在瞒报、谎报问题，依据公司《安全工作奖惩规定》第二十一条规定，对上述单位及有关人员按照较大事故主要责任进行处罚；对瞒报、谎报的策划组织者按事故主要责任者给予处罚。

三、六级及以上电网、设备事件

（一）1月7日，四川500千伏月雅Ⅰ、Ⅱ线，月城变电站500千伏Ⅰ母因山火相继跳闸停运

1. 事件经过

1月5日12时15分，当地村民未经批准在月雅Ⅰ、Ⅱ线102～108号塔附近进行点火无计划烧荒，受午后风力影响，现场火势迅速扩大，12时46分，500千伏月雅Ⅱ线双纵联保护动作跳闸，选相C相，重合闸不成功。雅砻江换流站侧1号保护测距35.1千米，2号保护测距31.5千米；月城变电站侧1号保护测距51.7千米，2号保护测距52.13千米，故障录波测距56.785千米。

1月5日13时29分，西南网调下令，月城变电站合上500千伏月雅Ⅱ线5051开关对线路充电正常。

1月5日13时44分16秒，月城变电站500千伏月雅Ⅰ线双纵联保护动作跳闸，选相B相，重合闸动作，重合不成功，1号保护测距51.4千米，2号保护测距50.23千米，故障录波测距69.257千米。500千伏月雅Ⅱ线双纵联保护动作跳闸，选相A相，重合闸动作，重合不成功，1号保护测距51.8千米，2号保护测距52.13千米，故障录波测距58.695千米。

1月5日14时12分24秒，西南网调下令，月城变电站合上500千伏月雅Ⅰ线5061开关对线路充电，合上5061开关1分钟后，14时13分53秒，500千伏月雅Ⅰ线B相再次故障跳开B相，重合闸动作，重合于500千伏月雅Ⅰ线BC相故障，5061开关三相跳闸；14时13分55秒5061开关故障，500千伏Ⅰ母1、2号母差保护动作，故障B相，5011、5021、5031、5041开关跳闸（5051、5061开关已跳闸）。

故障后巡视发现500千伏月雅Ⅱ线104号塔C相（单回塔左相）大号侧第三个间隔棒附近左下、右下子导线有放电痕迹；500千伏月雅Ⅰ线108号塔B相（单回塔右相）大号侧第一个间隔棒左下、右下子导线有放电痕迹；500千伏月雅Ⅱ线108号塔A相（单回塔右相）均压环、右上子导线及联板螺栓有放电痕迹。

现场运维人员外观检查发现月雅Ⅰ线5061开关气室筒壁有发热现象。通过组分分析，发现5061开关B相气室组分异常，其中SO_2为119微升/升，CO为19.1微升/升，50612、50611刀闸气室组分无异常。1月25日，对5061断路器B相拆卸后开盖检查，发现其合闸电阻炸裂损毁。

2. 暴露问题

（1）无计划烧除严重威胁线路安全。政府针对可燃物烧除工作下达了上报烧除计划通知要求，批准后方可烧除。但实际执行过程中，各县政府将烧除任务压至各地村民，因烧除范围大、任务重，加之处于少数民族地区，各地村民随意烧除，没有计划，也没有科学管控手段，点火后一走了之，烧除过程中火势极易失控，蔓延至输电线路通道危及线路安全运行。

（2）GIS 设备质量问题依然突出。500 千伏月雅Ⅰ线 5061 断路器经历 3 次合闸后（2 次重合、1 次试送）发生故障，合闸电阻已炸裂损毁，反映出 GIS 设备依然存在质量隐患。

3. 防范措施

（1）继续加强与各级政府沟通汇报，恳请地方政府组织专业人员开展烧除、科学管控烧除工作、强化烧除工作监督、问责违规人员。

（2）进一步压紧压实各级主体责任、属地运维责任，牢固树立风险防范意识、责任落实意识，认真做好对村民的烧除方式指导和现场蹲守工作。

（3）深化应用防山火在线监测装置，充分应用科技手段，加大对山火险情管控，发现火险及时预警，在必要的时候采取停运避险等措施降低电网安全运行风险。

（4）加大 GIS 设备隐患排查和治理。优化带合闸电阻开关的线路频繁故障时的运维处置策略，加强 GIS 设备外观检查、红外测温等日常运维工作；落实全过程技术监督，利用带电检测、X 光成像检测等监测手段，提前发现治理设备隐患。

（二）1 月 21～23 日，山西因冰害导致多条线路跳闸

1. 事件经过

1 月 21 日 3 时 37 分，500 千伏临会Ⅱ线 B 相（左相）故障，重合复跳；5 时 13 分，试送成功。故障档为 132～133 号，档距 750 米，高差 22 米，132、133 号塔型分别为 ZIVG－48、ZV2－27。

1 月 21 日 14 时 22 分，500 千伏临会Ⅰ线 B 相（左相）故障跳闸，重合复跳；15 时 21 分，试送成功。故障档为 124～125 号，档距 697 米，高差 7 米，124、125 号塔型分别为 ZBⅢ－36、ZBⅢ－30。

故障跳闸后，运维人员立即到达故障现场查线，因现场持续大雾，未发现明显放电痕迹。1 月 22～27 日又经历两轮降雪天气，并持续伴随大雾。28 日雾散阴天，导地线基本完成脱冰，运维人员在临会Ⅱ线 132 号 B 相（左相）大号侧第 4 间隔棒处及对应地线发现明显放电痕迹，在临会Ⅰ线 124 号 B 相（左相）大号侧第 3～4 间隔棒处及对应光缆发现明显放电痕迹。

1 月 21 日 7 时 27 分，500 千伏左潞Ⅱ线 AB 相（中下相）故障跳闸；8 时 22 分，

试送成功，左权电厂无出力损失。故障档为159～160号，档距550米，高差89米，159、160号同塔双回架设，塔型分别为5EG－SZC4－51、5EG－SZC2－45。

1月21日09时左右，查线人员到达故障区域，巡视发现导地线均有不均匀、不同期脱冰情况。16时左右发现160号小号侧180米处AB相（中下相）导线有放电痕迹。

1月22日0时25分08秒，500千伏风运Ⅱ线B相（上相）故障跳闸，重合成功；0时25分11秒，B相（上相）故障跳闸，直接三跳；20时51分，试送成功。故障档均为87～88号，档距489米，高差30.6米，87～88号为同塔双回架设，塔型分别为SJC3－33、SZC4－51。

1月22日11时40分，500千伏风运Ⅰ线AC相（中下相）相间故障，直接三跳；13时17分，试送成功。故障档与风运Ⅱ线跳闸相同，均为87～88号。

1月23日09时58分，500千伏风运Ⅱ线B相（上相）故障跳闸，重合复跳；13时15分，试送成功。故障档与第一次跳闸相同，均为87～88号。

1月22日11时40分至13时17分期间，风运Ⅰ、Ⅱ线同停，风陵渡电厂损失出力618兆瓦。

1月22～26日现场持续降雪大雾天气，运维人员抵达现场未发现放电痕迹。26日雾散后，运维人员发现风运Ⅱ线87号大号侧159米处光缆损伤8根，光缆和对应上相（B相）导线上均有明显放电痕迹。风运Ⅰ线87号大号侧第5间隔棒小号1米处中相（A相）与下相（C相）导线均有明显放电痕迹。

2. 暴露问题

（1）500千伏风运Ⅰ、Ⅱ线，左潞Ⅱ线为同塔双回输电线路，导线垂直布置、水平偏移小、相间距离紧凑，抵御覆冰灾害能力不足。

（2）技防措施覆盖不足。光纤覆冰、微波覆冰、微气象监测等在线监测装置未覆盖500千伏临会Ⅰ、Ⅱ线及左潞Ⅱ线故障区段，现场覆冰情况掌握不及时。

（3）风险研判不到位。500千伏临会Ⅰ、Ⅱ线、左潞Ⅱ线故障区段不属于历史覆冰故障区域及传统易覆冰区，近年来异常恶劣天气逐渐增多，覆冰区段扩大，运维人员对特殊气象条件下微气象区段变化研判不足，未及时采取针对性管控措施。

3. 防范措施

（1）优化新建线路选址规划。在重要通道和重要电厂送出线路规划时，源头减少山区同塔双回线路，合理避开微气象区域或针对微气象区提高设计标准。

（2）深化线路防冰体系建设。完善观冰站点、光纤覆冰、微波覆冰监测装置部署，构建覆冰感知网络，提升冰情预警响应能力；完善电网预警－监测－融冰工作体系，加大融冰装置配置力度，特殊天气及时进行线路融冰，化解电网运行风险。

（3）加强覆冰风险研判分析。针对近年气候变化，认真研判新的微气象区特殊区段，校核特殊区段输电线路防冰设计水平。加大运维人员观冰防冰培训力度，提升覆冰风险研判和应急处置能力。

（三）5月30日，江苏±800千伏锡泰直流因线路异物短路双级闭锁

1. 事件经过

2022年5月30日12时55分，±800千伏锡泰直流双极线路故障，极Ⅰ、极Ⅱ保护系统A、B、C三套直流线路保护动作，两次全压再启动不成功，双极闭锁。

事件发生后，江苏省调值班员第一时间通知运维单位江苏省送变电有限公司带电巡线，并根据江苏电网电力平衡情况，紧急调出苏北地区机组旋转备用容量，增加出力120万千瓦，并将联络线功率偏差控制在正常范围之内。同时，密切关注全网用电负荷走势以及±800千伏泰州换流站周边500千伏变电站母线电压情况，确保江苏电网旋转备用充足、电压在合格范围之内。运维单位立即启动应急响应，开展故障巡视，并根据故障测距信息，通过输电可视化监控对2782号附近线路、杆塔进行排查，13时0分，发现2781～2782号导线上（江苏省宿迁市沭阳县境内）存在长条状异物挂线。

13时52分，巡视人员到达现场，发现极Ⅱ导线仍有异物挂线，极Ⅰ导线上异物已掉落，采用激光异物远程清除器对2781～2782号导线上异物进行清除。

巡视人员通过故障点周边排查走访，在距离锡泰直流极Ⅰ线路约570米处发现一处水稻育秧田，该地块覆盖有多条防晒薄膜，询问村民发现其中两道薄膜缺失。经测量，薄膜长52米、宽2.1米，材质为无纺布，与挂于导线上的薄膜吻合。

2. 暴露问题

（1）输电线路抵御极端天气能力不足。近年来，江苏地区龙卷风、强降雨等强对流天气呈多发态势。江苏电网体量大、设备密集，输电通道沿线经济社会活动频繁，线路周边各类种植、养殖大棚、薄膜数量众多，在极端天气叠加影响下，异物隐患对线路安全运行的影响进一步加剧。

（2）电力设施保护宣传力度有待加强。线路周边社会群体，尤其是种植户、个体户等电力设施保护意识不足，未充分认识特高压交直流、500千伏联络线等输电通道安全稳定运行的重要性，需进一步完善电力设施保护联防联保机制。与地方政府沟通协调、向社会群体宣传等工作还有待加强，距离社会共同参与电力设施保护的需求还存在差距。

（3）运维单位风险防范意识有待强化。运维单位对育秧薄膜缺乏系统认知，对各类育秧薄膜的敷设时段、材质特征及使用规律掌握不到位，反映出运维人员对部分线路保护区外远距离异物隐患风险辨识防范意识和能力存在短板。运维单位动态开展异物隐患排查治理工作，但对突发恶劣天气预判不足，未充分考虑到龙卷风、大风等可能对电网设备安全运行带来的严重影响。

3. 防范措施

（1）加强输电通道运维和异物排查治理。深入开展输电通道异物隐患排查，建立特高压输电通道“1000 米普查、500 米防治、300 米严控”三级防控标准，重点排查通道两侧塑料大棚、广告条幅、地膜、遮阳网及彩钢瓦是否牢固。精准评估异物隐患状态，依据气象预警做好异物隐患前瞻性管控。每年育秧前及育秧期间，开展地膜隐患专项排查，采取有效加固措施，确保线路安全运行。对于大面积异物隐患点，定期做好电力设施保护宣传。

（2）做好特高压输电通道沿线政府协调。协同特高压输电通道沿线各属地供电公司和线路运维单位，主动对接联系地方政府部门，如实汇报特高压输电线路重要性及通道沿线情况，积极争取政府部门理解支持，推动将特高压输电通道电力设施保护纳入地方公共安全管理范畴，进一步加大对通道附近违规塑料大棚、临时工棚、垃圾场、回收站等电力执法力度，切实提升特高压输电线路安全防控水平。

（3）进一步健全完善电力设施保护机制。加强群众防护队伍建设，优化联合巡防工作机制，充分发挥群众护线员在异物隐患排查发现、早期处置、动态跟踪等环节作用，巩固群防群治效果。推进异物外破技术防范措施研究，深化输电可视化平台建设和“互联网+”技术应用。因地制宜加大电力设施保护宣传力度，提高全社会电力设施保护意识。

（4）全方位提升突发事件应急处置能力。密切跟踪天气预警信息，推进自主雷电、台风、微气象等系统建设，提升恶劣天气信息获取实时性。强化局部强对流天气应急处置，优化巡视人员、车辆安排，加大无人机通道巡视力度，在强对流天气来临前开展重点区段快速巡视。加强与重点异物源户主动态沟通协调，在恶劣天气前开展重点异物隐患特巡，确保异物隐患加固到位。

（四）6 月 20 日，吉林雷暴大风强对流天气造成多条线路停运、杆塔倒塔

1. 事件经过

15 时 46 分，500 千伏扎兴 1 号线 C 相（左边相）故障跳闸，重合不良跳三相，17 时 03 分 500 千伏扎兴 1 号线强送成功。

15 时 46 分，500 千伏扎兴 2 号线 C 相（左边相）故障跳闸，重合不良跳三相，17 时 31 分 500 千伏扎兴 2 号线强送成功。

17 时 22 分，220 千伏杏乔线故障跳闸，重合不良，故障相别 B 相，经巡视发现 69 号、70 号 2 基拉门杆倒杆。

17 时 22 分，220 千伏乔镇牵线故障跳闸，重合闸未投运，故障相别 B 相，17 时 50 分 220 千伏乔镇牵线强送成功。

17 时 22 分，220 千伏乔白线故障跳闸，重合不良，故障相别 B 相，17 时 44 分 220

千伏乔白线强送成功。

17时24分，220千伏保乔线故障跳闸，重合闸未投运，故障相别B相，20时46分220千伏保乔线线路恢复送电。

17时33分，220千伏甜镇线故障跳闸，故障相别A相，重合良好。

17时33分，220千伏马甜线故障跳闸，重合闸未投运，故障相别A相，19时33分220千伏马甜线恢复送电。

17时43分，220千伏镇新线故障跳闸，重合不良，故障相别A相，经巡视发现57、58号2基拉门杆倒杆。

16时22分，66千伏康平岭线故障跳闸，重合不良，6月21日01时10分66千伏康平岭线恢复送电，减供负荷5.1兆瓦。

17时23分，66千伏乔赉线故障跳闸，重合不良，经现场巡视发现31～39号9基铁塔倒塔，于6月21日01时59分将66千伏乔赉线42号塔断引，隔离故障区域，6月21日01时59分，66千伏乔赉线恢复送电，减供负荷1.2兆瓦。

17时59分，66千伏南南线故障跳闸，重合不良，当天完成66千伏南南线全面巡视工作，未发现故障点，6月21日17时50分，66千伏南南线58号分歧塔断引，66千伏南南线恢复送电，减供负荷2.6兆瓦。总计减供负荷8.9兆瓦。

故障还造成10千伏线路停运106条（国网白城供电公司82条、国网松原供电公司24条），其中重合良好18条，上级电网影响17条，接地6条，6612个台区、129192户用户停电。10千伏倒杆57基、断线11处。

2. 暴露问题

局部出现短时大于设计风速的大风等特殊天气对设备安全运行存在影响，部分设备的抗风强度难以满足极端恶劣天气条件。

3. 防范措施

（1）对故障区段采取人工和无人机自主巡检相结合的形式进行全线巡视，确保隐患发现及时、处置到位。

（2）在迎峰度夏期间对省内500千伏线路399处迎风角45°～90°之间的线路进行重点关注，在异常天气情况下，发布气象预警时段增加巡视频次，遇到超过设计风速时，适时采取对线路进行拉停避险等措施。

（3）对500千伏扎兴1、2、3号线开展防风害评估，设备管理单位与设计单位、电科院开展风偏故障分析，结合评估结果落实必要的防风措施，并提出相关改造计划储备。

（4）结合历年气象数据，选取适合点位安装微气象及风偏在线监测装置，收集气象数据，有针对性地对风力影响较大的区段防风害改造提供有力支撑，并及时提出改造计划。

（5）密切关注天气变化，对220、66千伏输电线路开展隐患排查，加强特巡频次，重点巡视杆塔基础、塔材缺失等情况，合理安排检修计划，及时处理缺陷隐患。

（五）8月12日，湖北500千伏兴咸Ⅰ、Ⅱ线因山火跳闸同停

1. 事件经过

2022年8月12日13时25分，巡视人员发现兴咸一回线346号右相线外约1000米发生山火。现场风向为西南风，风力4～5级，火势朝线路方向蔓延，线路周边植被为杉树，随即向送变电公司调度班报送了相关信息。13时31分，根据现场人员对火势发展及走向的判断，公司调度班向中调、网调报送了兴咸一回线一级山火跳闸风险。13时46分，火势已蔓延至346号线外约100米，因346～347号之间已砍伐了山火隔离带，火势受阻未能向兴咸二回线蔓延，在现场风向作用下顺隔离带边缘向347号塔延伸。14时23分，现场火势在风向作用下，陡然变化，火星被吹过隔离带，引燃347号塔（地形为陡坡，坡度约45°，整个山头均为原生杉树林）山下植被，山火沿陡坡地形迅速向山上蔓延，2分钟后浓烟造成347号塔小号侧对地放电。14时25分，兴咸一回线A相故障跳闸，现场通过无人机看见明显放电火光闪络。14时31分，火势经过兴咸一回线347号后向平行的兴咸二回线334号持续蔓延，公司调度班向中调、网调报送了兴咸二回线一级山火跳闸风险。14时54分，在西南风的作用下山火飘过兴咸一回线347号与兴咸二回线334号之间的隔离带，浓烟造成334号塔小号侧1米处C相对地放电，线路跳闸，重合不成功。15时18分，兴咸一回线强送成功。15时27分，兴咸二回线强送成功。16时09分，兴咸二回线A相故障跳闸，重合不成功。17时19分，兴咸二回线再次强送成功，退出重合闸。21时57分，兴咸一、二回线周围山火均已熄灭，解除一级山火跳闸风险。

2. 暴露问题

（1）山火信息报送不够及时。巡检中心人员接到山火信息后，仅在班组内部进行了逐级上报，直至13时23分快抵达现场才将山火预警信息报送至分公司调度班，期间未报送任何信息给专业部门及分管领导，公司管理部门13时20分左右接到省公司信息才得知现场发生山火。13时40分，班组人员抵达现场后才反馈第一张火势照片，此时火势已烧至346～347号隔离带边缘，导致管理部门及调度对现场火势情况掌握不足。

（2）现场实时反馈及火情变化研判不足。班组人员到达现场后通过无人机持续监控火势走向，13～14时期间仅发送了一张无人机抓拍图，无任何有效现场图片及视频反馈。14时25分兴咸一回跳闸后，仅14时38分反馈了火势朝二回蔓延的视频（距离二回仍有100米以上），待二回跳闸后才陆续发送了二回334号的火情，未及时发现并报送334号左相线外开始起火这一关键信息，导致对火势的预判产生偏差。

（3）思想重视程度不够。山火跳闸期间，湖北地区持续高温干旱天气，送变电公司对《关于进一步加强密集通道、特高压线路等重要输电通道运维保障工作的通知》中防

山火工作要求响应不迅速，隐患排查不彻底。

（4）山火风险管控存在薄弱环节。仅开展了相应的山火隐患排查，未在线路大范围开展防山火特巡工作，跳闸区段未设置护线员，现场信息持续不畅通，发现、报送和制止火情不及时。山火隔离带未针对现场实际情况差异化设置，隔离带设置策略有待优化。

3. 防范措施

（1）根据《国调中心关于印发国调中心调控运行规定的通知》《国网湖北省电力公司调控中心关于加强 500 千伏及以上输变电设备信息向省调汇报的通知》等文件工作要求，编制公司《运维线路重大风险、故障信息报送流程》，进一步规范安全生产信息报送工作，优化信息报送流程，确保信息报送及时，内容真实、准确。组织开展各层级员工学习宣贯工作，切实提高信息报送质量与效率。

（2）针对当前高温大负荷“保供”关键阶段，组织对省公司有关文件再学习、再落实，切实提高全员思想认识，积极响应防山火工作要求，对已砍伐完成的隔离带重新评估，协同配合省公司编制《输电线路山火机理分析及综合治理方案》，完善现有防山火隔离带清理策略，送变电公司由科级干部逐一包保带队组织专班对 243 处已砍伐区段进行核查。目前已完成全部核查。

（3）加强山火隐患排查治理，提前启动今冬明春防山火工作。关注山火对同一断面线路运行影响程度，重点开展特高压密集通道、跨区电网和重要断面线路山火隐患排查治理，针对性采取预防措施，统筹安排 327 处山火易发区段新一轮清理计划，制定优先完成以上重要线路山火隔离带等技防措施计划。目前已完成所有区段技防措施计划。

（4）加强故障区段设备本体隐患排查治理，组织完成故障区段无人机精细化巡检，配合省公司设备部完成兴咸一、二回过火杆塔复合绝缘子状态评估，根据评估结果，对受山火影响的兴咸一回线 346、347 号，兴咸二回线 334 号共 3 基杆塔复合绝缘子，已制定临时停电更换方案，报省公司设备部审核批准后立即实施，确保不发生绝缘性能失效、污闪跳闸。

（六）8 月 21 日，重庆 500 千伏珞南一、二线因山火跳闸同停

1. 事件经过

8 月 21 日 18 时 19 分 37 秒，500 千伏珞南一线 C 相故障，两套线路电流差动保护动作，巴南变电站 500 千伏 5011、5012 开关、珞璜电厂 5003、5004 开关跳闸，18 时 19 分 38 秒两侧开关重合闸动作不成功。

8 月 21 日 18 时 20 分 11 秒，500 千伏珞南二线 A 相故障，两套线路主保护动作，巴南站 500 千伏 5022、5023 开关、珞璜电厂 5001、5002 开关跳闸，重合闸动作成功。巴南变电站保护一屏测距 27.1 千米，保护二屏测距 27 千米，故录测距 22.63 千米。

8 月 21 日 18 时 20 分 12 秒，巴南变电站、珞璜电厂交流协控装置正确判断断面功

率损失，收珞璜电厂功率损失量（1129 兆瓦），并转发洪沟和桃乡交流协控主站（用于回调西南电网外送直流功率）。20 分 29 秒珞璜电厂 5 号机组保护动作跳 5002 开关、6 号机组保护动作跳 5001 开关。

8 月 21 日 18 时 25 分 19 秒，500 千伏珞南二线 A 相故障，两套线路主保护动作，巴南变电站 5022、5023 开关跳闸，重合闸未动作（因采用自适应重合闸，判断对侧开关在跳开位置，重合闸不动作）。保护一屏测距 27.9 千米，保护二屏测距 27.9 千米，故录测距 19.642 千米。

经巡视发现，500 千伏珞南一、二线 030～032 号塔区段有山火。

2. 暴露问题

对极端高温气候引发山火的防控能力不足，未对持续高温天气可能引发的山火风险进行充分预警，现场情况掌握不够充分。

3. 防范措施

（1）强化输电通道保护政企联动。积极向重庆市政府汇报，进一步健全政企会商机制，促请市政府尽快出台《高压输电通道保护工作方案》，形成高压输电通道政企联动常态化工作机制。

（2）进一步提升输电通道山火应急处置能力。充分总结本次输电通道山火处置经验，组织新一轮防山火应急预案修订，按计划开展应急演练。以重要输电通道周边环境为重点，积极运用高清摄像、无人机预警和图像智能识别等科技手段，及时发现并汇报山火信息，健全重要电力输电线路沿线区域森林草原火灾救援协作机制，提升山火联合应急处置成效。

（3）加强防山火知识学习。收集、汇编国家及国网公司层面森林草原防火灾相关工作制度、标准、方案，制作山火防范小册子发基层单位学习。加强国家电力设备典型消防规程、国网公司《电网防雨雪冰冻灾害和防山火工作指导意见》等制度学习，掌握火灾报警、重合闸退出等工作要求，提升全员山火防范意识。

（4）加强警企联动。发挥群众护线员作用，及时发现并报警非法烧荒、林区点火等违法行为，发挥警企联动机制作用，配合公安机关大力打击森林草原消防违法行为。

（七）9 月 5 日，四川泸定县多个变电站、多条线路因地震停运

1. 事件经过

9 月 5 日 12 时 52 分在四川甘孜州泸定县（北纬 29° 59′，东经 102° 08′）发生 6.8 级地震，震源深度 16 千米。公司于 9 月 5 日 13 时 10 分启动地震Ⅱ级应急响应，当日 22 时 50 分升级为地震Ⅰ级应急响应。雅安、甘孜公司同步启动了地震Ⅰ级应急响应。

地震造成 500 千伏大姜一线跳闸（重合成功），500 千伏石棉变电站 3 台主变压器漏油；110 千伏桃子坪、唐家沟、草科、撒拉池、西油房变电站停运，110 千伏幸燕线、新

利线、唐下线、下大撒线、新利西线跳闸；35 千伏安全、先锋、王岗坪变电站及金坪开关站停运，9 条 35 千伏线路停运；46 条 10 千伏线路停运，958 个台区、43158 户用户停电，损失负荷 62.48 兆瓦。

2. 暴露问题

对地震等不可抗拒力导致的电网安全事件，应充分做好应急预案，预案编制中应充分考虑各地区实际特点，确保在事故发生后及时处置故障恢复供电。

3. 防范措施

（1）梳理可能发生地震、泥石流等极端自然灾害地区的重要线路、变电站、生产用房运行情况，排除安全隐患，评估运行风险，对评估后需要补强的设备，采取相应的措施提高极端自然灾害应对能力。

（2）加强地震、泥石流等特殊极端自然灾害救灾演练，提升与政府部门、相关企业的协调作战能力，切实提高队伍专业技能。

（3）加强备用物资储备，对恢复供电的关键设备建立备品备件管理机制，及时采购抢修需要的各类应急物资。

（八）11 月 11 日，四川 500 千伏塘乡一、二线因山火跳闸同停

1. 事件经过

11 月 11 日 13 时 42 分，监控人员通过 500 千伏塘乡二线 328 号可视化监拍装置发现 500 千伏塘乡二线 324 号塔位下山坡约 1200 米外发生山火，立即通知运维人员前往现场查勘。13 时 45 分，居住在距离线路约 2 千米处的防山火信息员发现山火，向巴塘分部运维班班长反馈该点位山火信息。14 时 16 分，运维人员到达现场，发现火势较大，在阵风作用下发展迅猛，并向 500 千伏塘乡一、二线发展，于是按照应急处置流程申请 500 千伏塘乡一、二线停运避险，由于现场附近通信基站因本次山火受损停运，现场人员无法通过手机联络，于 14 时 41 分找到可以正常通话的区域后发出申请。在申请避险过程中，14 时 34 分，500 千伏塘乡二线双纵联保护动作跳闸，选相 C 相，重合成功。14 时 35 分，500 千伏塘乡二线双纵联保护动作跳闸，选相 C 相，重合不成功。14 时 41 分，500 千伏塘乡一线双纵联保护动作跳闸，选相 B 相，重合不成功。

2. 暴露问题

对突发事件预想不充分。国网四川送变电公司制定了山火突发事件应急处置流程，但是未能预估到通信基站停运的意外情况，现场人员无法及时传递现场信息和线路避险申请，线路紧急避险措施未能及时执行；未能预判现场气候、风速、地形对消防、森林公安等政府部门开展灭火工作的不利影响，火势未能得到及时有效控制。

3. 防范措施

（1）深刻汲取事件教训。深刻反思此次事件暴露出的问题，举一反三，再次全面梳

理输电线路山火防控区段，做好风险评估与事故预想，采取针对性风险防范措施。组织开展防山火专项督查工作，督促各级单位落实防山火工作要求，落实山火隐患闭环整改，做好充分应急准备工作。

（2）持续强化政企联动。向地方政府专题汇报本次山火对输电线路的影响，协调政府强化山火失控快速反应应急联动机制，促进地方政府加大对森林草原防火的管控力度。

（3）持续开展防山火宣传。继续深入开展输电线路电力设备保护宣传，在线路及村民房屋周边张贴宣传海报，发放防山火宣传资料，提升沿线村民森林草原用火安全意识。

（4）进一步加强山火技防措施。深化应用山火预警监测系统，积极配合相关单位持续提升预警监测准确性，确保火灾风险及早发现。

（九）12月12日，山西500千伏忻石Ⅰ、Ⅱ线因山火跳闸同停

1. 事件经过

12月12日12时08分，500千伏忻石Ⅱ线AB相间故障三相跳闸，重合闸因采用“单重”方式未动作，忻都开闭站测距41.169千米（99～100号），位于忻州市定襄县晋昌镇北西力村。12时10分，500千伏忻石Ⅰ线AB相间故障三相跳闸，重合闸因采用“单重”方式未动作，忻都开闭站测距58.837千米（136～137号），位于忻州市定襄县河边镇瓦扎坪村。12时26分，巡视人员到达500千伏忻石Ⅰ、Ⅱ线109～110号区段现场查看，线下苗圃失火并伴随大量烟尘。13时24分，现场山火被消防部门扑灭后，运维人员进入火场查线。

现场查线发现忻石Ⅰ线109号大号侧右相（A相）和中相（B相）第6间隔棒处有放电痕迹，忻石Ⅱ线109号大号侧右相（A相）和中相（B相）第3间隔棒大号侧20米处有放电痕迹，线路下方苗圃过火明显，确认为故障点。

2. 暴露问题

（1）可视化终端智能识别能力不高。故障区段109～110号现有可视化装置2套，均按照15分钟固定间隔抓拍，不具备前端智能识别、主动告警的能力，设备监控存在时间盲区，一旦线下发生快速蔓延的火灾，设备无法及时告警，需要更换为具有前端识别功能的智能识别装置，进一步提高监控预警效率。

（2）跨越苗圃隐患风险辨识不足。500千伏忻石Ⅰ、Ⅱ线109～110号跨越私人松树苗圃，导线对地距离均在18米。虽然树线净空距离满足运规要求，但运维人员对松树苗圃隐患的防火敏感性不强，在山火高发季来临前，受客观因素影响没有及时清除苗圃周边的蒿草、秸秆等易燃物，未做到防山火于未“燃”。

（3）现场防火宣传力度不够。从通道环境来看，此处一直是忻石通道山火防控重点区段，该处耕地与苗圃混合，一旦秸秆失火极有可能引燃松树苗圃。当地村民防火意识

薄弱，运维人员多次开展防火宣传、火灾举报制止，但村民偷烧秸秆现象仍屡禁不止，无明显改善，对防火工作极为不利。

3. 防范措施

（1）开展专项集中清理。开展“耕地+苗圃”一级火险源专项排查，完善一患一档，形成专业班组与苗圃隐患主人电话、微信沟通机制，每年山火高发季前完成一次专门走访，定期与户主签订隐患告知单，联合苗圃户主开展线下苗圃内蒿草清理和防火隔离带开辟。

（2）强化集中监控应用。发挥前端识别设备主动预警作用，明年3月前完成公司全部393处苗圃隐患点可视化终端设备升级。夯实“中心、分部、班组”三级轮巡机制，加密可视化轮巡频次。落实设备主人责任包干制度，重点防火时段安排人员现场蹲守，织密护线网络，做到早发现、早制止。

（3）建立林电互动机制。充分发挥“护林员、护线员”作用，主动对接地方政府、公安、林草等部门，促请建立起与当地消防部门的应急联防机制，打造火险快速处置绿色通道。与消防、公安等人员开展联合巡视，强化宣传力度，以实际案例讲解生动诠释火灾危害，提高防火意识。

（十）1月8日，青海门源县多条线路因地震跳闸

1. 事件经过

2022年1月8日01时45分，青海海北州门源县发生6.9级地震，震源深度10千米，震中位于北纬37°77′，东经101°26′。

1月8日01时45分35秒，330千伏达板变电站达滩牵Ⅱ线3357号开关跳闸，根据运行方式安排重合闸未投。经检查：故障相别B相、故障测距45.5千米，PCS931距离Ⅱ段动作、PRS753距离Ⅱ段动作。1月8日01时45分36秒，330千伏达滩牵Ⅰ线3358号开关跳闸，根据运行方式安排重合闸未投。经检查：故障相别C相、故障测距42.6千米，PCS931差动保护动作、PRS753差动保护动作。02时34分，330千伏达滩牵Ⅱ线试送成功，330千伏达滩牵Ⅰ线试送不成功。

03时31分联系铁路调度回复：330千伏干柴滩变电站设备倾斜、视频显示站内绝缘子掉落，预计达滩牵Ⅰ回暂时无法恢复供电。9日09时01分，因对侧设备原因，达滩牵Ⅱ线转热备用。11时48分，330千伏达滩牵双回转冷备用。

地震还造成2条110千伏线路（达默、纳达线），1条35千伏线路（宝机线），以及8条10千伏线路跳闸，影响台区313个、客户2833户。

2. 暴露问题

（1）应对突发事件的应急抢修物资储备不足。此次地震应急处置过程中所应用的应急抢修物资需求种类和数量均超出应急物资储备，先期抢修处置工作未得到有效保障。

（2）地震应急预案需进一步完善。未充分结合高原地震特点和影响编制地震预案，对高原地震危害性考虑不够充分，部分内容难以落到实处。

3. 防范措施

（1）提升隐患排查治理能力。针对青海省内地震易发区，对重要线路、变电站、生产用房再次开展特巡和隐患排查。认真组织开展地震后重要线路、变电站、房屋受损情况评估工作，并根据评估结果排查故障隐患。

（2）提升电力用户保障能力。开展重要电力用户安全用电专项检查，确保震后重要用户用电安全。统计摸排供水、供暖、供气等重要民生企业和矿山、化工等风险较大企业应急供电需求，掌握供电接口、电压、容量等信息，逐一制定应急供电保障方案。

（3）提升物资装备保障能力。加大零购投资，购置抢修工器具、生产抢修用车、输电线路巡检无人机等专用装备，建立物资调配长效机制。

（4）提升应急体系建设水平，完善专项应急预案、强化预案培训演练，全面加强公司应急基础能力建设，提升应急信息化应用。

（十一）2 月 24 日，西藏 ±400 千伏柴拉直流光 CT 故障导致极Ⅱ闭锁，直流输送功率下降 28.7 兆瓦

1. 事件经过

2 月 24 日 06 时 00 分 07 秒，运行人员监控后台报：极 2 保护 A 套光 CT 严重故障出现，极 2 A 套保护紧急故障退出运行，极 2 A 套相关保护全部退出，极 2 控制 A/B 系统与一套直流保护失去联系。

2 月 24 日 06 时 10 分值班长相继向西北网调、区调汇报极 2 A 套保护紧急故障情况，并安排运检人员开展故障检查，检查发现极 2 第二组直流滤波器高端光 CT A 套启动采样板卡 PS766 故障灯亮，后台光 CT 测量监视画面显示 OCTA_合并单元 2_启动 Z22.T4 光通道关断。06 时 52 分西北网调下令退出极 2 A 套极保护、极 2 两组直流滤波器的 A 套保护，07 时 20 分值班人员完成上述保护退出操作向西北调度回令，值班长按照《国网西藏检修公司拉萨换流站光 CT 故障应急预案》处置办法安排运检人员开展极 2 第二组直流滤波器高端光 CT A 套启动采样板卡 PS766 重启工作。07 时 28 分，运检人员对极 2 阀组 1 辅助设备室 ECT21 极 2 ECT 及分压器接口屏 1 中第二组直流滤波器高端光 CT 采样板 PS766 进行断电重启，07 时 29 分完成重启，后台故障报警复归，后台极 2 光 CT 测量监视画面显示 OCTA_合并单元 2_启动 Z22.T4 光通道正常，数据电平为 780 毫伏，数据电平偏低（正常值为 900 毫伏以上）。运检人员立即与光 CT 厂家（北京 ABB）沟通，07 时 54 分 56 秒，在厂家微信电话指导下，现场运检人员对采样板卡 PS766 进行第二次重启，运检人员对极 2 阀组 1 辅助设备室 ECT21_极 2 ECT 及分压器接口屏 1 中第二组直流滤波器高端光 CT 采样板 PS766 进行了断电。07 时 55 分 49 秒，运行人员监

控后台报：极 2 极保护 B 套光 CT 严重故障出现，极 2 极保护 B 套紧急故障退出运行，极 2 B 套相关保护全部退出，极 2 控制 A/B 系统与两套直流保护失去联系，极 2 A 套控制系统执行保护 Y－闭锁，极 2 直流系统闭锁转至极隔离状态，极 2 换流变压器进线断路器跳开。

柴拉直流极Ⅱ闭锁后，极Ⅰ转带成功（受单极功率限制，转带后为受入功率 33 万千瓦），剩余藏中缺额通过川藏受入，西藏电网总体运行平稳，用户未受影响。

2. 暴露问题

（1）光 CT 回路设计不完善。影响光 CT 正常运行的外部因素包括光纤材料、环境温湿度、振动等，拉萨站光 CT 回路中未设计实时监测上述参数的监测手段，导致无法对光 CT 运行的稳定性和可靠性进行准确评估。与直流控制保护系统逻辑配合存在缺陷，单台光 CT 的单一通道故障导致一套极保护不可用，增大保护闭锁风险。

（2）光 CT 核心设备为进口设备，存在卡脖子现象。光 CT 一、二次设备均为瑞典 ABB 进口设备，底层程序和核心逻辑受制约，每次出现深层次故障后需要返回瑞典 ABB 进行分析，国内外信息沟通不及时导致故障未有效解决，风险一直存在。

（3）在线监测手段不完善。目前控制保护只接受光 CT 合并单元的数据及品质位，只有光 CT 通道关断时会发出报警，未设置数据电平、激光电流等重要参数的异常报警值及报警等级，且无故障录波监视手段，导致运行人员对光 CT 状态掌控不全面、不及时。

（4）对设备故障隐患重视不够。对日常运行期间的异常报警和故障情况，未引起高度重视，对历史故障分析不彻底，未采取有效解决措施。

（5）现场运行规程指导作用不足。现场运行规程编制不完善，关于光 CT 设备，针对此类故障存在的风险、处理步骤、操作要求不翔实，可操作性指导性不高。

（6）风险预断落实不到位。现场在处理光 CT 通道故障时，未及时预判单套保护运行故障引起直流闭锁，没有采取针对性预控措施。

3. 防范措施

（1）扎实开展运检工作。结合换流站设备运行情况，定期组织召开设备分析会议，对照系统内换流站故障情况，及时汲取经验措施，针对异常报警事件和故障处理过的设备，纳入特殊巡视，坚持开展状态日对比、周分析、月总结的比对分析，及时发现设备异常，利用年检，对拉萨换流站直流场光 CT 光通道数据水平较低的通道进行光纤回路中各个光纤端面逐一检查处理，重点关注 HV－Link 底部接线盒和 ECT13 屏内光纤接线盒。

（2）修编完善设备专用规程光 CT 相关章节。按照实用原则，进一步规范、指导光 CT 设备日常巡检、倒闸操作、事件处理，强化设备维护管理，提高现场标准化作业水平，在前期运行规程编写修订的基础上，组织人员完善设备专用规程光 CT 相关章节，防范隐患和风险辨识能力。

（3）完善光 CT 监视手段。同厂家、光 CT 资深专家深入分析光 CT 设备深层次机理，研究减少光纤回路中光纤 ST 接头对接数量，积极探索光 CT 智能监视装备，实时监测光 CT 数据电平等运行数据，设置预警值和告警值，为运检人员评估判断设备状态提供智能分析数据，保障设备运行。

（4）加强控制保护装置维护。定期做好控制保护主机滤网更换、故障录波数据备份等维护工作，确保控制保护装置保持良好的运行状态。

（5）强化备品备件核查。按照定额标准，每年开展换流站备品备件核查，发现不足及时补充，杜绝因备品备件不足导致直流系统或设备长期停运。

（6）提升应急处置能力。结合换流站设备状况持续完善应急处置预案，定期组织开展事件应急演练，确保所有运维人员熟练掌握站内各类异常情况应急预案和处置措施，面对突发状况能够迅速反应、准确汇报、正确处置。

（十二）3 月 1 日，南瑞运维人员操作不当，导致辽宁公司调度 AGC 系统误下指令，造成全省发电总出力下降 165 万千瓦，东北电网频率降低，最低跌落至 49.75 赫

1. 事件经过

2 月 28 日，AGC 系统运维人员（科东公司）填报辽宁省调自动化系统操作申请单，经自动化专业评估、审核通过。3 月 1 日 15 时 26 分，AGC 系统运维人员（科东公司）为便于监视主机状态，运维人员在工作站打开主、备机两个操作窗口，并完成了备机新版本程序部署。在备机下装新数据表前，运维人员违规启动了刚刚部署的新版本程序，导致新程序与原数据表不对应，此时大部分新能源机组功率目标值为 0，因处于备机状态，错误指令未下发。运维人员按步骤应继续在备机下装新数据表，实现程序与数据表一致，却误将主机窗口当作备机窗口，实施了主机下装新数据表的错误操作，导致主机程序与新数据表不匹配，主机程序异常退出，系统自动主备切换，备机转主运行，错误指令下发，造成风电、光伏出力下降。

2. 暴露问题

（1）《安规》执行不力。一是未按照《国家电网公司电力安全工作规程（电力监控部分）（试行）》5.7 要求，科东公司 AGC 系统运维人员在备机上进行功能测试时操作不当，误将备机切主运行，造成备机测试数据作为 AGC 指令下发，导致风电、光伏出力下降。二是未按照《国家电网公司电力安全工作规程（电力监控部分）（试行）》4 要求，作业前作业人员对危险点分析及其预控措施不清晰，未有效制定并执行电力监控工作票上的授权、备份、验证等安全技术措施。三是未按照《国家电网公司电力安全工作规程（电力监控部分）（试行）》5.16 要求，作业监护不到位，调度人员许可开工后在工作过

程中没有相关管理人员陪同，相关操作没有全程监控，导致未能及时发现和制止作业人员的误操作行为。

（2）厂家程序对于数据突变没有逻辑闭锁。AGC 软件安全校验和防误闭锁、暂停机制不健全。AGC 软件对不合理的调节指令封锁不到位，功率调整将导致频率下降超过 0.1 赫及大功率调整时，缺少完备控制门槛值闭锁功能。未对数据库下装配置操作进行主备机识别，不能进行主机数据库下载配置操作闭锁。AGC 程序投运时，缺乏程序内存与数据库表结构不一致性的校验检测防误功能，导致与数据库不一致程序投入运行。AGC 备机投入运行时缺乏有效监视功能，不能及时发现备机 AGC 控制指令异常状态。

（3）调控中心对系统作业管理不到位。未依照国调中心下发的《调度自动化主站系统运维行为管控规定（试行）》要求建立主站运维分级管控机制，未将 AGC 软件升级操作等级定为“关键”级别运维，对本次作业重视程度存在不足。同时也未依照规定部署运维堡垒机，系统作业全过程管控体系不健全，系统作业关键操作节点没有监护人授权。未严格执行系统作业多专业危险点审核机制，且对系统作业运维人员能力核查不到位，未对其进行详细的安全与技术培训，危险点及安全防范措施意识不到位。

（4）系统管理亟待加强。AGC 系统在执行中存在薄弱环节。一是受电网运行方式调整、新能源消纳、电力市场建设等多方需求影响，AGC 软件小版本升级管控修改工作频繁，升级方案没有进行充分的论证，存在一定的随意性。二是未考虑 AGC 对大规模新能源控制给电网运行带来的安全隐患，进而引起频率事故，厂家仅从新能源快速控制功能角度开发软件，缺少大规模新能源切除对电力系统稳定运行评估，未部署程序级防误操作闭锁策略。

3. 防范措施

（1）强化《安规》培训和执行。按照电力监控系统作业“十禁止”文件规定，结合作业实际有针对性地制定防范措施，在工作票“安全措施”栏中予以明确，确保作业人员明晰准确掌握危险点分析及其预控措施，作业前将系统重要的软件、配置文件和数据进行备份；严格作业过程管理，工作过程有相关管理人员全程陪同，操作流程进行全过程监护，监护人员应熟悉电力监控系统安全管理规定和相关技术要求，能够及时发现和纠正作业人员违章行为和不安全动作。同时，强化安全责任意识教育及《安规》等安全规章制度的学习培训。

（2）强化程序技术防误。依照辽宁电网 AGC 系统实际运行可能存在的安全风险，在软件上线投运操作前应将自动控制类功能暂停，从控制指令、系统升级、主备切换三个方面开发系统防误功能。一是开发控制指令合理性校验闭锁功能，频率变化超过 0.1 赫的大功率控制指令进行闭锁，并告警；二是开发系统升级校验闭锁功能，闭锁所有主机程序升级和实时库配置操作；三是开发主备机切换校验闭锁功能，实时检测主备机运行状态，防止备机异常时进行主备切换。

（3）强化调控作业安全管理。依照国调中心下发的《调度自动化主站系统运维行为管控规定（试行）》要求，公司将研究建立主站运维分级管控机制，对各项作业进行分级管控（关键、重要、一般），关键作业需要申请省调一次检修流程，需要中心领导审批，重要作业需要申请技术支持系统使用问题反馈流程，需要各相关处室领导审核，一般作业需要申请自动化专业检修流程，需要自动化专业领导审核。马上部署运维堡垒机，建立“执行”与“监护”双机运维环境，对所有运维行为进行全面监控，对关键操作实行监护人密码授权机制。严格执行系统作业多专业危险点审核机制，充分分析作业风险点，并对运维人员进行详细的安全与技术培训，保证危险点及安全防范措施落实到位。

（4）强化系统上线流程管理。建立 AGC 系统建设、改造多专业审核流程，应用专业提出需求后，由厂家制定实施方案，编制详细的软件上线操作流程，多专业进行会商，充分论证后会签。实施方案与操作流程严格按照《辽宁调度控制中心智能电网调度控制系统运行管理规定》执行。组织厂家针对运行方式调整、新能源消纳、电力市场建设等需求，充分评估系统建设、改造存在的安全风险，与厂家协调增加自动控制安全校验和防误闭锁暂停机制，避免出现单指令不校核大规模切除新能源厂站事件。

（十三）3 月 24 日，山东胶东换流站银东直流极Ⅱ换流变压器饱和反时限保护动作，极Ⅱ闭锁，损失功率 198 万千瓦

1. 事件经过

18 时 36 分 11 秒，胶东换流站银东直流极Ⅱ由单极金属转为单极大地回线运行方式；

18 时 37 分 46 秒，极Ⅱ换流变压器保护 A 启动；

18 时 37 分 54 秒，极Ⅱ换流变压器保护 B 启动；

极Ⅱ换流变压器保护 A、B 启动后，现场人员对监控信息、保护装置、故障录波开展检查；

19 时 05 分 10 秒，极Ⅱ换流变压器保护 A 启动极控系统切换；

19 时 18 分 15 秒，检查过程中，极Ⅱ换流变压器保护 A 保护动作，极Ⅱ闭锁，功率损失 1980 兆瓦，极Ⅱ换流变压器保护 B 保护未动作。

极Ⅱ闭锁后，现场人员办理事故紧急抢修单，开展检查工作，检查结果如下：

保护装置动作信息检查：极Ⅱ换流变压器保护 A 启动+动作，极Ⅱ换流变压器保护 B 启动。

保护装置零漂检查：极Ⅱ换流变压器保护 A 动作时中性点零漂值约为 0.046 安；极Ⅱ换流变压器保护 B 动作时中性点零漂值约为 0.039 安。

单极大地回线方式运行时，因直流偏磁，两套换流变压器保护中性点电流采样值产生 0.02～0.03 安的直流分量，叠加装置零漂值后，极Ⅱ换流变压器保护 A 中性点电流采样值约为 0.073 安，极Ⅱ换流变压器保护 B 中性点电流采样值约为 0.057 安，均达到保

护启动值（换流变压器饱和保护装置启动定值是中性点饱和反时限下限的 0.98 倍，即 0.057×0.98=0.055 86 安），保护启动。根据反时限特性，极Ⅱ换流变压器保护 A 延时 2428 秒保护动作后，极Ⅱ闭锁，极Ⅱ换流变压器保护 B 未达到反时限动作时间，未动作。

2. 暴露问题

（1）胶东换流站换流变压器电气量保护装置（许继 SBH－101A/R1）运行过程中零序电流零漂增大，未能在长时间运行下保持稳定采样，且保护装置不具备零漂自动校准功能。

（2）许继未能在保护装置说明书中体现或提醒运行人员专业巡视时应查看零漂值等内容，保护装置也不具备运行状态下零漂自动或手动校准功能。

（3）饱和保护启动控制系统切换事件在 OWS 后台为黄色告警事件，事件等级设置未达到醒目且提示闭锁风险的效果。

3. 防范措施

（1）组织广固换流站、沂南换流站同步开展换流变压器中性点反时限保护排查，明确将保护装置零漂数据检查列入专业巡视定期工作，定期检查记录，及时掌握设备状态。胶东站完成换流变压器保护采样板卡备件补充工作，每日跟踪记录换流变压器保护装置零漂值。

（2）梳理完善胶东换流站保护装置及监控后台报文信息，结合 2022 年年度检修，对换流变压器过激磁、过电压及饱和保护等告警信号等级进行修改，提升告警等级并提示闭锁风险。

（3）利用夏训时间，对运维检修人员进行全方位专业技术培训，开展换流变压器及交流滤波器保护仿真实操。加深与一次设备厂家的交流沟通，了解特殊运行方式下各电气参量对一次设备的影响，并对相关波形进行学习分析，保证对保护装置相关告警信息的准确判断。

（十四）4 月 17 日，江西 500 千伏梦山变电站站内电缆沟电缆短路着火，导致多条线路停运

1. 事件经过

2022 年 4 月 17 日 04 时 48 分 27 秒，500 千伏场地 1、4、5 号摄像头视频信号消失；04 时 48 分 28 秒，500 千伏场地 8、11 号摄像头视频信号消失。

04 时 48 分 50 秒，500 千伏咸梦Ⅰ线 CSC103C 保护装置通道 A 告警；04 时 49 分 56 秒 500 千伏咸梦Ⅰ线 CSC103C 保护装置通道 B 告警。

05 时 07 分，江西超高压公司生产指挥中心发现 D5000 系统梦山变电站通信及测控相关信号告警刷屏，一次主接线图显示 500 千伏开关及 220 千伏刀闸多处变位。

05 时 10 分，江西超高压公司生产指挥中心通知梦山变电站运维人员进行现场检查，

05 时 15 分，汇报华中网调，江西省调屏梦线，梦厚Ⅰ、Ⅱ线，咸梦Ⅰ线有跳闸告警。

05 时 39 分，梦山变电站确认现场开关均在合位，51、52 小室直流电源消失，主控楼至 51、52 保护小室电缆沟（主控楼侧）冒烟，运维人员翻开电缆盖板进行应急处置。

06 时 15～40 分，梦山变电站相继汇报华中网调 51、52 保护小室直流电源失去，500 千伏梦永Ⅰ、Ⅱ线，咸梦Ⅰ线，梦厚Ⅰ、Ⅱ线，屏梦线，梦山 500 千伏 1、2 号母保护装置失电。

事件导致 500 千伏梦永Ⅰ、Ⅱ线，咸梦Ⅰ线，梦厚Ⅰ、Ⅱ线，屏梦线，500 千伏Ⅰ、Ⅱ母双套保护直流失电，鄂赣稳控、鄱阳湖稳控梦山侧双套直流失电。咸梦Ⅰ、Ⅱ线，屏梦线，梦厚Ⅰ线双套保护，梦永Ⅱ线 B 套保护 A、B 通道中断；梦永Ⅰ线双套保护 A 通道中断；鄂赣稳控双通道中断；51、52、53 保护小室至主控楼监控 A、B 网，电量光缆中断。51 小室至主控楼 PMU 光缆中断。站端视频信号线缆烧损，统一视频平台中无法显示梦山变电站的故障画面。紧急停运了 500 千伏咸梦Ⅰ，梦永Ⅰ、Ⅱ，梦厚Ⅰ、Ⅱ，屏梦线及梦山变电站 5061、5063 开关。鄱阳湖换流站高低端停运。

2. 暴露问题

（1）专项整治工作开展不到位。一是江西按照安全生产专项整治工作要求，开展了站内电缆沟道火灾、站用交直流电源隐患排查治理，但对专项整治工作要求落实不到位、排查不彻底、整改未落实。二是未充分吸取公司系统近年来同类事件教训，对电缆混放风险未管控到位，对电缆沟消防、防火隔板和槽盒敷设不全等隐患排查治理不彻底，单条低压电缆故障导致事件扩大。

（2）隐患排查治理不到位。一是梦山变电站视频监控电缆使用非铠装电缆、运行时间长、老化严重，在 2013 年扩建时仅在新增摄像头上使用铠装阻燃电缆，未对老旧电缆进行更换。二是 2019 年江西公司实施了 500 千伏区域电缆火灾隐患整治项目，要求开展电缆沟内防火隔板加装、防火槽盒加装等内容，但着火点处防火隔板安装不规范，未完全覆盖。

（3）安全风险管控不到位。一是梦山变电站投运时电缆沟设计容积小，且为单排电缆支架，沟内电缆、光缆拥挤，但后期改扩建均沿用了原布置方式，未充分认识到电缆着火风险，也未对转角处的薄弱点、风险点采取管控措施。二是站内电缆沟感温电缆敷设不规范，感温电缆悬空及没有布置在最上层。三是梦山变电站视频监控系统管理薄弱，视频电源线不符合阻燃、铠装要求，站内未按周期对视频监控系统开展维护检查。集控值班人员风险意识不强，值班监盘不到位，事件研判不精准，应急处置不及时。

（4）消防设施管理不到位。一是运维人员存在消防安全意识淡薄、日常运维缺失等问题。二是运维人员对消防信号报警警惕性不强，不理解“总线故障”信号意义及重要性，未能及时消除“火灾报警控制器告警信号不能复归”缺陷，导致感温电缆熔断后未能报警，错失了提前应对处置时机。

3. 防范措施

（1）切实汲取事件教训。江西公司要深刻汲取梦山变电站事件教训，切实落实公司38 项措施，组织相关领导和管理人员深刻反思，查找思想认识、责任落实、专项整治、隐患排查、风险管控、专业管理、项目实施等方面存在的不足，强化各级、各专业安全履责，坚决堵住管理漏洞，举一反三查治风险隐患，对事件整改措施落实情况进行逐项核查，对责任人员处理情况逐条落实，确保“四不放过”落实到位，坚决杜绝恶性事件再次发生。各单位要组织相关部门、单位、基层一线等，利用安全日对事件通报进行专题学习，对照反思、举一反三查找存在的不足，及时闭环改进。

（2）扎实开展专项治理。江西公司要针对事件暴露问题，组织设备部门、运维单位等，度夏前全面完成变电站电缆沟火灾隐患专项排查治理，覆盖全部变电站，特别是特高压站、枢纽站，重点排查是否存在混沟电缆老化隐患、是否落实分沟分层分侧敷设原则、是否加装防火隔板等措施，对在运变电站隐患要按照“一站一案”制定并落实整改措施，隐患和治理进展纳入专项整治管控，切实做到真排查、真整治。各单位要扎实开展安全生产专项整治和安全生产大检查，对照 11 类 412 项隐患排查清单、十八项反措，强化针对性排查治理，杜绝同类风险隐患失管失控。各级安监部门要组织对站用交直流、站用电缆沟道防火等隐患排查治理开展情况进行专项督导检查，对工作未开展、措施不落实、未纳入专项整治的要立即纠正，严肃通报考核。

（3）强化源头风险管控。各单位要落实公司 38 项措施第 19 条“各级规划设计、建设部门要管住源头，严格执行各项反措要求，及时完善相关标准，加大差异化设计，严防前端环节产生和遗留安全隐患。”在新、改、扩建变电站严格落实十八项反措等要求，加强专业协同，强化设计审查，保证施工质量，严格完工验收，坚决避免从源头遗留风险隐患。

（4）提升安全管控能力。各单位要加强运维人员岗位技能培训，排查分析在岗运维人员专业能力短板，做好运维人员尤其是新上岗人员专业技能培训，提升对主、辅设备的异常辨识、故障处置能力，做到“明原理、懂操作、知风险、会防范”。加强消防等设施管理，提高有效性、可靠性，发生火情能够及时告警、准确定位，有效指导现场应急处置。研究提高直流电源状态监测和故障告警能力，完善站用直流电源监测、报警装置和手段，发生故障第一时间提醒，指导监控、运维人员及时处置。

（十五）4 月 25～26 日，内蒙古东部暴雪导致多座变电站停运，多条线路跳闸

1. 事件经过

4 月 25 日 15 时左右，呼伦贝尔地区（市区、各旗县）相继发生雨雪天气，环境温度－8～+3℃。25 日 15 时至 26 日 15 时，全市平均降雪量 5.7 毫米，旗县平均降雪量超

过10毫米，其中达到暴雪及以上程度的旗县有3个，分别为陈巴尔虎旗平均降雪量14.3毫米、莫力达瓦达斡尔族自治旗平均降雪量14.3毫米、阿荣旗平均降雪量13.1毫米，单个气象站监测最大降雪量达30.1毫米。

本次雨雪冰冻灾害天气造成国网呼伦贝尔供电公司管辖的地区有3条110千伏输电线路（巴西线、哈宝线、永莫线）、5条35千伏输电线路（白东线、东赫线、哈陶线、哈白线、图吉线）跳闸；2座110千伏变电站停运（西乌珠尔变电站、哈达图变电站）、2座35千伏变电站停运（哈吉变电站、东乌珠尔变电站）。

2. 暴露问题

（1）配网网架结构仍然薄弱。呼伦贝尔地区35千伏变电站单线单变占比大，电源点缺乏，对下级电网支撑能力较弱。配网多为放射性单线供电模式，10千伏线路手拉手供电比率、绝缘化率、线路平均分段数、自动化水平较低，故障时恢复与转供能力不足。同时，抢修过程中仍持续伴有雨雪天气，雨雪天气后，气温迅速回暖，道路泥泞，大型施工机械无法进场，不满足抢修作业条件，导致个别用户停电时间较长。

（2）抵御极端天气能力不足。本轮次雨雪冰冻天气，现场覆冰实测数值远超设计标准，导致大范围倒杆断线，反映出抵御极端自然灾害能力不足。且近年来“零度线”北移，区域内覆冰覆雪呈逐年严重趋势，亟需提升电网设备整体抗灾能力。

（3）现场覆冰监测手段欠缺。目前，蒙东地区地域广阔，输配电线路覆冰监测装置安装数量不足，尤其是呼伦贝尔地区尚未配置覆冰监测装置，缺少对线路本体状态及通道环境的感知能力，不能有效监测覆冰状况、廊道气象环境、导线张力、杆塔倾斜等实时状况，所以不能及时根据自然条件调整预控措施，有效应对雨雪冰冻等极端天气。

（4）应急处置预案仍需完善。在本次抢修过程中，虽然启动了应急预案但在执行过程中，发现预案部分内容与实际抢修流程不符，可执行性有待提升，需要进一步修改完善应急预案。

3. 防范措施

（1）深入开展配网抗冰分析。就近年来“零度线”北移、原有设计标准不满足区域气候实际的现状，总结灾害规律和经验，收集气象信息，为新建线路差异化设计提供可靠的基础数据支撑。开展同标准建设线路和区段的抗灾能力校验，制定差异化治理计划，视情况采取增设耐张段、拉线等有效措施，进一步提升主配网抗冰能力。

（2）针对性增强配网网架建设。从优化网架结构入手，完善配网接线模式，通过技改大修等项目强化骨干网架建设，增强配网转供能力。

（3）持续提升抗冰监测方式。扎实开展本次覆冰区域内线路杆塔、导地线、横担、金具损坏情况“回头看”排查，发现问题及时消缺，防止发生次生灾害。同时，结合排查结果，储备项目，在同纬度、同气象条件区域安装在线监测设备，提升远程监控水平。加强护线员网络建设，提升信息获取及时性和准确性，营造“全民护电、全民抗灾”的良好社会氛围。

（4）多方位强化应急管理。深入开展国网蒙东电力经营区域内风险隐患分析，动态调整各类应急预案，针对性制定处置策略和方式，提升可行性和指导性。定期开展预案演练，固化应急响应程序，做到灾害前期准备充分、灾害时处置得当。

（十六）5 月 21 日，湖北 ±420 千伏宜昌换流站阀控 B 系统运算板卡故障导致直流单元Ⅰ闭锁

1. 事件经过

5 月 21 日 09 时 00 分，宜昌换流站单元Ⅰ直流系统鄂侧阀控 B 系统发“C 相上桥臂旁路超限请求跳闸”，单元Ⅰ直流系统闭锁，单元Ⅱ直流系统 1250 兆瓦运行（转带 402 兆瓦），功率损失 447 兆瓦。站内一、二次设备动作正常，单元Ⅰ直流系统鄂侧 C 相上桥臂旁路子模块 31 个，故障前该桥臂无子模块旁路。单元Ⅰ直流系统换流阀冗余子模块上限为 30 个，旁路子模块数量达到 31 个跳闸，未发生事故扩大。

5 月 21 日 15 时 01 分，按国调令将宜昌换流站直流单元Ⅰ直流系统转至检修状态进行现场处理，对旁路的 31 个子模块进行复位并进行相关试验，结果均正常。通过荣信阀控系统架构分析，将故障位置定位在 B 系统阀控运算箱，检查发现单元Ⅰ直流系统阀控 B 系统负责控制 C 相上桥臂的运算板（厂家编号：CA3）存在故障，现场对该位置阀控运算板进行更换，并更新板卡通信程序后，设备恢复正常。5 月 22 日 07 时 40 分，故障处理工作结束。5 月 22 日 18 时 15 分，宜昌换流站单元Ⅰ直流系统恢复正常运行。

2. 暴露问题

宜昌换流站直流系统阀控系统部分设备存在质量缺陷，控制系统厂家由于工艺分散性导致部分设备工艺质量不满足要求，且发生故障后无法有效自检，存在安全隐患。

3. 防范措施

厂家对故障运算板进行检测，提出处理措施，对板卡制造工艺进行优化，防止类似事故发生，同时对同批次的产品进行隐患排查，杜绝该类事件的发生。

（十七）5 月 25 日，天津 500 千伏滨海变电站刀闸拉弧放电导致母线跳闸

1. 事件经过

5 月 25 日 06 时 15 分，滨海变电站开始 220 千伏 4 甲、4 乙母线停电操作，运维人员将 220 千伏 4 甲、4 乙母线出线开关均已倒至 220 千伏 5 甲、5 乙母线运行，拉开 2245 乙、2245 甲开关和 2245 甲－4 刀闸后，07 时 19 分在拉开 2245 甲－5 刀闸过程中，2245 甲开关 A 相内部发生接地故障，220 千伏 5 甲母线双套母差保护动作跳闸，切除 220 千伏 5 甲母线，滨鄱二 2218、滨鄱一 2217、滨米二 2216、滨米一 2215、滨创二 2214、滨

创一 2213 开关跳闸，同时联跳 2 号主变压器三侧开关（5012、5011、2202、302 开关）。

2. 暴露问题

（1）该型号开关为罐式气动 SF_6 断路器（型号 LW12－220，沈阳高压开关厂制造，2002 年 3 月 24 日投运），主触头磨损严重，内部产生金属颗粒，常规检测手段难以发现。

（2）开关厂家早期产品在制造阶段未加设颗粒捕捉陷阱，导致颗粒在操作过电压作用下跳跃概率增加。

3. 防范措施

（1）安排停电检修，更换 2245 甲断路器，对 2245 乙间隔三相断路器进行开仓检查，为同型号断路器运维及处置策略制定提供参考。

（2）加强滨海站同型号断路器运行监测，确保设备可靠运行。

（十八）5 月 26 日，陕西陕武直流避雷器故障导致极Ⅱ闭锁，损失功率 230.5 万千瓦

1. 事件经过

5 月 26 日 15 时 41 分，陕北换流站根据调令执行极Ⅱ单极大地回线转金属回线顺控操作（武汉换流站为主控站），已拉开 040007 接地刀闸、合上 04001 刀闸、合上 81201 刀闸、合上 GRTS 大地回线转换开关 0400，在拉开 MRTB 金属回线转换开关 0300 后（仅剩 03001、03002 刀闸尚未拉开）。15 时 43 分 22 秒，极Ⅱ极保护 A、B、C 套金属回线纵差保护动作，移相重启一次，极Ⅱ高低端阀组执行移相重启命令。15 时 43 分 23 秒，极Ⅱ极保护 A、B、C 套金属回线纵差保护动作 Y 闭锁，极Ⅱ双换流器闭锁，极Ⅱ由极连接转为极隔离。导致陕武直流功率速降 2305 兆瓦，陕北换流站金属回线旁路线 EM 避雷器其中 1 柱损坏（共 7 柱）。

2. 暴露问题

避雷器出厂及交接试验均正常的情况下仍突发故障，反映出设备厂家未能对产品质量有关的所有环节进行严格控制与管理；设备监造未能有效监督和检验设备厂家产品质量，造成带电运行后突发故障。

3. 防范措施

（1）建议后续新建特高压直流工程在进行金属回线短路试验后，现场检查 EM 避雷器过电压情况，对冲击后的 EM 避雷器开展绝缘电阻试验和直流 U_{4mA} 参考电压以及 0.75 倍 U_{4mA} 下泄漏电流试验，试验合格方可投入运行。

（2）国网特高压部统一组织，中国电科院后续将继续开展“矮片”筛选方法方面的研究，并对陕北换流站拆下返厂的 6 柱避雷器开展试验分析。

（3）陕武直流每次转金属回线方式后，记录各柱避雷器动作次数，开展金属回线旁路避雷器组专项红外测温，横向对比、监测；对温度过高或动作次数增加的避雷器，通

过绝缘电阻试验和直流 U_{4mA} 参考电压以及 0.75 倍 U_{4mA} 下泄漏电流试验，分析评价设备状态。

（十九）6 月 1 日，四川芦山县多座变电站、多条线路因地震停运

1. 事件经过

6 月 1 日 17 时 00 分，四川雅安芦山县（北纬 30° 37′，东经 102° 94′）发生 6.1 级地震，震源深度 17 千米。事件造成甘孜电网 1 条 110 千伏新塔线跳闸，1 座 110 千伏变电站（塔公站）、6 座 35 千伏变电站（新都桥、甲根坝、沙德、普沙绒、贡嘎山、八美）、7 条 35 千伏线路、22 条 10 千伏线路停运，损失负荷 16 兆瓦，导致 617 个台区、17800 户用户停电。雅安电网 5 座 35 千伏变电站（棕树坪站、攀超站、孔坪站、白玉沟站、响水滩站）、4 条 35 千伏线路（蜂攀线、穆蜂线、响金线、龙孔线）、23 条 10 千伏线路停运，损失负荷 54 兆瓦，导致 622 个台区、33688 户用户停电。

2. 暴露问题

部分地震高发地区未做好抵御极端恶劣自然灾害准备，电网抗震能力有待提高。

3. 防范措施

（1）梳理可能发生地震、泥石流等极端自然灾害地区的重要线路、变电站、生产用房运行情况，排除安全隐患，评估运行风险，对评估后需要补强的设备，采取相应的措施提高极端自然灾害应对能力。

（2）加强地震、泥石流等特殊极端自然灾害救灾演练，提升与政府部门、相关企业的协调作战能力，切实提高队伍专业技能。

（3）加强备用物资储备，对恢复供电的关键设备建立备品备件管理机制，及时采购抢修需要的各类应急物资。

（二十）6 月 10 日，四川马尔康市多座变电站、多条线路因地震停运

1. 事件经过

6 月 10 日，阿坝马尔康地区先后发生 5.8 级和 6.0 级地震。

6 月 10 日 00 时 03 分，110 千伏蒲志变电站 35 千伏志草线 351 开关过流Ⅱ段保护动作跳闸，35 千伏志草线停运，35 千伏草格变电站、35 千伏二茶变电站、35 千伏蒙岩变电站全站失压。

10 日 01 时 29 分，110 千伏蒲志变电站 35 千伏志沙线 354 开关过流Ⅲ段保护动作跳闸，35 千伏沙尔宗变电站全站失压。

10 日 08 时 03 分，35 千伏丛恩电站带 35 千伏沙尔宗变电站孤网运行。

地震造成国网四川电力（35 千伏沙尔宗变电站、35 千伏草格变电站、35 千伏二茶变电站、35 千伏蒙岩变电站）、2 条 35 千伏线路（35 千伏志草线、35 千伏志沙线）、9

条 10 千伏线路停运，189 个台区、2098 户用户停电，共造成负荷损失 609 千瓦。

2. 暴露问题

部分地震高发地区未做好抵御极端恶劣自然灾害准备，电网抗震能力有待提高，连续地震和余震严重影响电网安全稳定运行。

3. 防范措施

（1）梳理地震带区域的重要线路、变电站、生产用房运行情况，评估设备抗震水平，对需要补强的设备采取相应的措施提高极端自然灾害应对能力。

（2）全面组织开展专项应急预案和现场处置方案演练，实现各层级专项应急预案、现场处置方案演练全覆盖。

（3）依托国网安全风险管控平台，开发完善应急管控模块，逐步完善和实现应急基础资料录入、预警发布、响应处置、应急物资储备、应急信息统计与分析等功能，为突发事件响应与处置提供决策依据。

（二十一）6 月 22 日，西藏 CT 变比错误导致雷击故障时母线跳闸

1. 事件经过

2022 年 6 月 22 日 20 时 23 分 15 秒 496 毫秒，110 千伏芒盐线线路保护启动，510 毫秒纵差保护动作、511 毫秒接地距离Ⅰ段动作、514 毫秒零序过流Ⅰ段动作。20 时 23 分 15 秒 525、528 毫秒 110 千伏 1、2 号母线保护差动动作。110 千伏芒嘎Ⅰ线 044、芒盐线 046、Ⅰ～Ⅱ母母联 012、2 号主变压器中压侧 032 断路器跳闸，110 千伏Ⅱ母失电。跳闸事件发生时站内为小雨，现场无工作。分布式故障诊断装置显示 110 千伏芒盐线 C 相于 6 月 22 日 20 时 23 分 15 秒 547 毫秒发生雷击故障，故障点靠近 72 号塔，距离线路 1 号塔 25.62 千米。

经现场对 110 千伏所有汇控柜二次回路检查，发现 110 千伏芒盐线汇控柜内绕组接线端子排存在多余短接片，造成至母线保护的 TA3、TA4 绕组 S2、S3 短接，致使实际变比与母线保护整定变比不一致。按照西藏区调下达的芒康站 110 千伏母线保护定值，芒盐线支路 CT 变比为 800/1。由于芒康变建设阶段现场施工人员未按工程设计图施工，未拆除 110 千伏芒盐线汇控柜端子排 TA3、TA4 的两处 S2 绕组的预装短接片，S2、S3 绕组被短接，造成实际接入两套 110 千伏母线保护的芒盐线支路 CT 变比为 939/1，与保护定值单要求的 800/1 不一致，导致母线保护差动计算不平衡形成母线差流。自 2020 年 6 月 25 日 110 千伏芒盐线投运至今，线路电流最大没有超过 16 安，负荷电流小，母差保护计算差流值小，未达到差流越限告警定值，母线保护无法报出差流越限告警信号。

2022 年 6 月 22 日 110 千伏芒盐线发生 C 相接地故障时，A、B 相电流随 C 相短路电流增大，两套 110 千伏母线保护计算出不平衡电流，A 相电流差动计算值达到保护动作值，母线差动保护动作跳闸。

2. 暴露问题

（1）施工管理不到位。设计单位编制的“110 千伏盐井线路 GIS 汇控柜端子排图 1”中，明确标注端子排 TA3、TA4 绕组两处 S2 端子无短接措施，现场施工人员不按图施工，未取下汇控柜厂家预安装的绕组短接片，施工质量失管失控，竣工前自查自验流于形式，施工班组负责人、施工项目部对现场施工质量管理有漏洞、履责不到位，造成严重安全隐患遗留。

（2）竣工验收不严格。芒盐线电流互感器竣工验收试验方案编制不合理，一、二次设备采用物理方式隔离，分别进行通流试验，导致试验单位未能发现芒盐线接入母差保护的实际变比与定值单不对应问题。运维单位参与验收人员虽发现了实际接线与施工图不一致的情况，但在得到汇控柜厂家人员“无问题”口头答复后，未深入研究分析回路原理，验收把关不严不实，未守住工程建设“最后一道关”。

（3）二次人员技能不足。启动投运阶段，运检单位二次专业人员在带负荷测试时，对两套 110 千伏母线保护中芒盐线支路电流异常情况不敏感，仅以仪器测量误差错误处理，测试工作负责人、运检单位分管负责人专业技能不足，未能发现并指出带负荷试验报告中“电流互感器变比正确”的错误结论。芒盐线正式运行后，运检单位每月开展继电保护专业巡检，但受限于巡检人员经验不足、能力不够等原因，仍未能发现芒盐线汇控柜 TA3、TA4 绕组两处 S2 端子存在短接片的异常情况。

（4）监理履责不到位。监理单位对现场施工质量把关不严，在旁站监理过程中未能及时发现并制止施工人员不按图施工的不规范行为，导致现场人员随意变更工程设计，造成工程建设过程中遗留严重隐患。专业监理作用发挥不足，未指出电流互感器竣工验收试验方案的不合理性，竣工验收把关工作未落到实处，到岗履职不力。

3. 防范措施

（1）严肃事件处理追责。西藏公司要按照“四不放过”原则，进一步认定事件责任，依规对责任单位和人员进行追责，并深入分析专业管理和队伍建设等方面存在的问题，切实补齐安全责任、专业管理、专业队伍、验收标准、技术措施等方面的漏洞短板，坚决杜绝同类事件再次发生，有关追责和整改情况在一周内报公司总部。

（2）严格验收试验管理。结合公司安全生产专项整治、安全隐患大排查大整治、安全生产大检查，对在建工程开展二次设备短接片隐患专项排查治理，严防遗留问题隐患。针对二次专业性强、隐蔽性高、业务高度依赖厂家等特点，进一步加强作业负责人和一线人员的技术交底、技能培训，规范执行试验验收等规程规定和技术标准，切实发挥出调试验收、检修预试、专业巡检等的把关作用，对于问题疑问要“打破砂锅问到底”，有效发现并消除二次设备隐患。

（3）加强队伍能力建设。落实公司全业务核心班组建设要求，统筹考虑员工技能水平、工作环境、职业发展等因素，做实做强继电保护、变电运检、高压试验等核心生产班组，配齐配优检修、试验等生产工器具。加强一线人员尤其是新上岗人员安全意识教育和专业技能培训，加大援疆援藏力度，持续提升基层一线技术监督、验收调试等专业技术水平。

（二十二）6 月 24 日，冀北 ±500 千伏张北柔直中都换流站正极闭锁，直流功率损失 928 兆瓦

1. 事件经过

2022 年 6 月 24 日 14 时 53 分 39 秒，±500 千伏张北柔直中都换流站中延直流三套金属回线纵差保护动作，中都—延庆正极闭锁。

中都换流站一次设备变动情况：直流正极闭锁、中延直流正极线 0512D 开关、中延直流负极线 0522D 开关、1 号站用变压器 2200 甲开关、2 号站用变压器 2200 乙开关、220 千伏 9 条新能源出线跳闸，652H、653H、662H 耗能装置动作，直流功率损失 928 兆瓦。

中都换流站测距装置信息。测距：214.703 千米，对应位置在 0458 号，位于张家口怀来县东花园镇三泉井村。中延金属回线线路全长 214.819 千米。

2. 暴露问题

根据波形分析本次金属回线故障时长 600 毫秒，金属回线线路故障定位装置（TDR）信号注入执行周期为 1 秒，本次金属回线故障没有检测到有效故障点距离，需要研究 TDR 信号时间周期策略。

3. 防范措施

（1）建议将金属回线线路故障定位装置（TDR）信号注入执行周期从 1 秒改为 100 毫秒，并在金属回线保护动作时主动多次注入高频信号，保证在金属回线保护动作，停运金属回线前正确给出故障位置信息。

（2）研究优化张北工程金属回线再启动有关策略。

（二十三）6 月 30 日，辽宁 500 千伏盛京变电站 GIS 故障导致 220 千伏Ⅰ、Ⅱ母同时跳闸，带跳盛京变电站 500 千伏 1 号主变压器中压侧及两条 220 千伏线路

1. 事件经过

6 月 30 日 12 时 27 分，盛京 500 千伏变电站按照调度指令执行送电计划第十七项：“将盛京变 220 千伏Ⅰ、Ⅱ母元件倒Ⅱ母线运行，Ⅰ母线停电”。变电运维人员合上 1 号主变压器二次Ⅱ母（22012）隔离开关，检查机械、电气指示均在合位后，12 时 34 分 49 秒，拉开 1 号主变压器二次Ⅰ母（22011）隔离开关，220 千伏Ⅰ、Ⅱ母线差动保护动作，Ⅰ、Ⅲ分段，Ⅱ、Ⅳ分段，1 号主变压器二次、盛祁线、热盛二线断路器跳闸（倒

母线操作过程中，220千伏一号母联断路器为“锁死”状态）。

跳闸后，现场运维人员看见1号主变压器二次Ⅰ母（22011）隔离开关A相气室防爆膜处有白色烟气向外逸出，伴随很大的刺激性气味。变电运维人员立即撤出220千伏GIS设备间，并开启通风装置。

2. 暴露问题

（1）厂家人员在装配过程中操作不当，卡簧未卡到销内，导致轴销脱落，造成本次事件。暴露出设备厂家人员作业不严谨、责任心不强、作业行为不规范等问题。

（2）厂家人员在200次机械磨合后，清罐检查不够细致，未发现掉落异物，未按工艺流程对设备进行详细检查。暴露出厂家人员工作不认真，对工艺流程要求不严。

（3）因该设备为GIS封闭式组合电器，在倒闸操作过程中，刀闸电气指示位置虽然正确，但刀闸操作后的机械实际位置无法确认。暴露出该设备设计不合理，不能满足现场倒闸操作后的运维人员看到设备实际动作位置。

3. 防范措施

（1）现场隔离开关、接地刀闸分合闸操作后，要求厂家人员协助利用视频监测设备通过观察窗检查确认内部导体分合状态，确认无误后方可进行后续操作。

（2）加强设备安装调试工作，设备生产过程中严格按照工艺卡片要求开展工作，厂家人员装配作业过程中进行双确认，即“一人作业，一人记录”，并做好标识和记录。

（3）优化完善厂内工艺流程。针对GIS封闭式设备，在机械磨合后对罐体彻底检查和清洁，狭小空间使用内窥镜检查，确保全方位检查不留死角。

（二十四）11月2日，内蒙古东部±500千伏伊敏换流站极Ⅰ换流变压器非电量保护动作，极Ⅰ闭锁，损失功率84万千瓦

1. 事件经过

2022年11月2日16时03分，±500千伏穆家换流站（主控站）执行双极直流系统功率由3000兆瓦降至2500兆瓦的操作，16时13分25秒，当双极功率降至2712兆瓦，极Ⅰ换流变压器星接C相有载调压开关从26档降25档过程中，极Ⅰ换流变压器星接C相有载调压开关非电量保护动作（三副油流继电器接点全部动作），极Ⅰ直流系统闭锁，5012、5013开关三相跳闸。

16时13分至16时22分，极Ⅱ直流系统过负荷1660兆瓦运行，16时23分，极Ⅱ直流系统单极功率调至1500兆瓦运行。故障导致双极直流系统功率损失840兆瓦（因故障前正执行降功率操作，目标值为2500兆瓦，故障后单极1660兆瓦过负荷运行）。安全稳定控制装置告警，但未动作切发电机组（安稳动作策略为单极闭锁不切发电机组）。

2. 暴露问题

对换流变压器分接开关状态认知不清，油流继电器动作特性以及继电器中气体对定

值的影响、两个调压开关切换不同步情况下转移电流偏差及影响程度研究不深，积碳增多原因分析不明，部分设备存在安全隐患。

3. 防范措施

（1）按照《国网设备部关于进一步加强特高压换流变压器油色谱异常处置策略（试行）的通知》要求，调整伊敏换流站全站换流变压器在线监测装置油色谱阈值。

（2）根据通知要求调整运维策略：当换流变压器在线监测装置的一项或多项参数达到告警值时，停止离线取油，严禁现场人员取油，启动专家团队开展异常分析，根据专家团队意见再进行后续处置。

（二十五）11 月 4 日，甘肃±800 千伏祁韶直流祁连换流站极Ⅰ低端换流变压器突发故障起火

1. 事件经过

故障前，祁韶直流系统双极四阀组大地回线全压方式运行，输送功率 3584 兆瓦，祁连换流站极Ⅰ低端 Y/D－A 相换流变压器负荷 150 兆瓦，网侧电压 448.9 千伏（有效值），网侧电流 365 安（有效值）；阀侧电压 84.6 千伏（有效值），电流 1017 安（有效值）。

2022 年 11 月 4 日 1 时 54 分 33 秒，极Ⅰ低端 Y/D－A 相换流变压器突发故障，“角接小差差动速断保护”“大差差动速断保护”“本体重瓦斯”动作，分接开关油流继电器动作，直流极Ⅰ低端阀组闭锁，极Ⅰ低端 Y/D－A 相换流变压器起火。

事故发生后，祁连换流站迅速启动应急响应，驻站消防队和站内工作人员按照应急处置方案，利用站内消防设施和两辆驻站消防车开展初期火灾扑救，火势始终控制在极Ⅰ低端 Y/D－A 相换流变压器区域，未蔓延至其他区域、设备。同时，拨打 119 报警，请求外部支援。

灭火过程中，先后调集玉门市、瓜州县、酒泉市 3 支消防队 6 台消防车辆，80 名消防官兵全力救火，采取快速控火、立体压制、泡沫阻截等措施，有效防止了火势蔓延。4 日 05 时 05 分，明火完全熄灭并持续降温至环境温度，5 日 18 时 10 分社会消防车辆和消防人员撤离现场。

2. 暴露问题

（1）对特高压设备的认知水平不够，部分特高压设备结构设计还有优化空间，设备潜在隐患还没有完全暴露。

（2）对特高压设备的监测手段、管控能力等方面还存在不足，无法准确掌握部分特高压设备运行状态。

3. 防范措施

（1）加强设备制造质量管控。西安西电变压器有限责任公司及相关电力设备生产企业要吸取事故教训，深入分析故障产生机理，开展特高压换流变压器油箱本体、套管升

高座、分接开关油室等关键区域的结构校核，研究提升换流变压器关键部位制造工艺的质量管控措施。

（2）举一反三强化隐患排查。国家电网有限公司所属有关电力企业立即开展隐患排查，制定防范措施。根据设备故障原因分析结论，做好其他同类型换流变压器的检查、大修、技术改造事宜，达到从根本上消除故障隐患的目的。

（3）持续加强设备运维监视。国网甘肃超高压公司加强在运换流变压器在线监测，进一步发挥设备远程智能巡视作用，用好远程视频监视和在线监测分析等手段，全面分析评估换流变压器等主设备运行状态，切实保障人身和设备安全。

（4）持续加强应急能力建设。总结本次事故应急处置经验，坚持特高压驻站消防人员和车辆 24 小时值守机制，完善消防应急预案，保障消防装备、物资充足，加强消防应急演练，强化与属地消防部门、周边企业的协调联动，确保一旦发生火情立即响应、科学有效处置。

（二十六）7月20日，江苏局部强对流天气造成多条线路跳闸、杆塔倒塔

1. 事件经过

2022 年 7 月 20 日 12 时 59 分，220 千伏佑响 46E3 线两侧两套主保护（603、803 号）动作，AC 相故障，开关三相分闸。佑东变电站侧故障电流 14.5 千安，站内一、二次设备检查无异常。响水变电站侧故障电流 9.33 千安，站内一、二次设备检查无异常。220 千伏佑牵 46E1 线 603、803 号分相电流差动保护动作，C 相故障，重合不成。佑东变电站侧故障电流 12.04 千安，站内一、二次设备检查无异常。响水牵引变电站为用户侧变电站，站内一、二次设备检查无异常。

2022 年 7 月 20 日 12 时 59 分，220 千伏恒响 2W48 线两侧两套主保护（931、303 号）动作，AC 相故障，开关三相分闸。恒久变电站侧故障电流 7.34 千安，站内一、二次设备检查无异常。响水变电站侧故障电流 7.56 千安，站内一、二次设备检查无异常。

2022 年 7 月 20 日 13 时 0 分，500 千伏徐都 5K67 线两侧两套主保护（931、103 号）动作，A 相故障，重合不成。盐都变电站侧故障电流 5.8 千安，站内一、二次设备检查无异常。徐圩变电站侧故障电流 9.9 千安，站内一、二次设备检查无异常。

事件发生后，通过现场人员巡视检查，发现 500 千伏徐都 5K67 线 122 号倒塔，123、125 号塔头受损，124 号中相绝缘子受损；220 千伏佑响 46E3 线、佑牵 46E1 线（同杆架设）17 号塔从根部被折断，倒落于地面；220 千伏响恒 2W48 线 6～7 号塔有放电痕迹。

2. 暴露问题

沿海地区杆塔设计标准差异化不足。近年来，江苏龙卷风、强降雨等强对流天气呈多发态势，对线路本体及杆塔安全稳定运行带来极大考验。本次风灾中倒伏及受损的输电线路以老旧设备居多，设计抵抗风速最大值偏低，需进一步加强沿海地区杆塔差异化

设计，合理提高线路设计标准，优化路径选择，从源头提高电网设备抗风能力。

3. 防范措施

（1）提升电网设备精益化管理水平。全面查找电网设备薄弱环节，开展老旧系列杆塔排查梳理，制定设备本体质量、施工工艺等方面完善提升措施计划，根据线路重要性有序推进改造，提高输电线路抵御自然灾害水平。在沿海地区推进差异化典型设计应用，从源头提升设备抗大风、抗腐蚀能力。

（2）健全与气象部门协同联动机制。与气象部门建立长期有效的沟通联络机制，提高恶劣天气信息获取实时性，密切关注天气变化情况，做好线路现场巡视和应急值班工作，确保遇到突发情况时，快速出击、快速查找、快速处置。

（二十七）9月1日，宁夏恶性误操作导致主变压器受损跳闸

1. 事件经过

2022年9月1日，银川东换流站按计划开展10千伏Ⅰ母及所连间隔由运行转检修、66千伏Ⅰ母及所连间隔由运行转检修倒闸操作。副站长李×负责到岗到位，当班值长王×、值班员许××和马××等8名人员负责当日运维及操作任务。

9时20分，当值人员交接班后召开了班前会，在操作任务开始前，值班长王×安排值班员许××检查防误闭锁电脑钥匙（珠海优特、单套配置），发现通信异常无法使用。

9时35分，值班长王×申请使用解锁钥匙，经副站长李×审核，站长赵××批准后，李×作为此次操作解锁监护人负责解锁钥匙管理和使用监护。

10时37分，值班长王×安排值班员李×、仇××、张×、马××4人，进行10千伏Ⅰ母由热备用转检修操作。副站长李×作为倒闸操作到岗到位人员，前往10千伏配电室开展监督管控工作，将解锁钥匙违规交由值班长王×保管。

11时03分，值班长王×安排值班员许××到66千伏Ⅰ母设备区检查待操作的设备状态，违规委托许××将解锁钥匙交还给操作解锁监护人李×。同时，值班长王×安排许××担任66千伏Ⅰ母及所连间隔由冷备用转检修的操作监护人，要求其到10千伏配电室会同值班员马××（操作人）、操作解锁监护人李×进行操作准备。许××携带绝缘手套、操作杆和仅有值班长王×签名的预操作票（操作人、监护人未签名）去现场，未携带66千伏验电器。

11时11～19分，孟××（操作人）、王×（监护人）远方遥控将66千伏Ⅰ母、6614开关、6613开关、6651开关、6601开关由运行转至冷备用，许××配合完成现场设备状态检查。

11时19分，值班员许××到达10千伏配电室后，发现马××等4人正在处理操作过程中出现的接地小车卡涩缺陷，李×旁站指导。许××未将解锁钥匙交还李×，也未通知马××进行操作准备，自行在预操作票中将操作人签名为许××。前往66千伏Ⅰ

母设备区途中，许××遇到检修人员杜××并让其帮助携带倒闸操作安全工器具。

11时21分，许××告知值班长王×66千伏Ⅰ母设备具备操作条件。王×向许××下达66千伏Ⅰ母、6614开关、6613开关、6651开关、6601开关由冷备用转检修指令。

11时26～45分，许××将预操作票放置在66141隔离开关机构箱上，在无运维人员监护、无解锁专职监护、未携带操作票、未核对设备双重名称、未进行验电的情况下，擅自使用解锁钥匙，依次合上6117、6197、661417、665117、661317接地刀闸。

11时46分23秒，许××合上660167接地刀闸后，看到紧邻位置的6601617接地刀闸处于分位，在未与主控室人员核对的情况下，又使用解锁钥匙，误合6601617接地刀闸，造成750千伏1号主变压器低压侧出口三相短路，主变压器双套差动保护动作，跳开750千伏7510、7511开关和330千伏3361、3362开关。

750千伏1号主变压器跳闸后，国网宁夏超高压公司办理变电站事故紧急抢修单（编号5702A022209001），开展故障抢修工作，组织变电检修中心依据《输变电设备状态检修试验规程》要求，对1号主变压器三相开展绝缘电阻、绕组直流电阻、频响法绕组变形、短路阻抗测量、油色谱5项检查性试验项目。

9月1日22时30分完成上述试验。国网宁夏超高压公司变电检修中心副主任柴×、试验负责人李××分析试验结果后，认定5项试验结果符合规程要求，综合判定电气试验数据合格，并将试验合格的结论逐级汇报至国网宁夏超高压公司设备部主任刘×、生产副总经理蒋××、总经理刘××和国网宁夏电力设备部副主任韦×、主任黎×。国网宁夏超高压公司在未得到省公司回复、未组织复测和评估试验结果的情况下，由总经理同意申请送电，9月2日01时30分，银川东换流站申请恢复750千伏1号主变压器送电。

9月2日03时01分，启动750千伏1号主变压器送电，合上高压侧7511断路器后，1号主变压器本体A相重瓦斯动作、压力释放阀动作喷油，7511断路器跳闸，A相本体气体继电器内观察到明显气体，压力释放阀法兰处及地面有明显油迹。

2. 暴露问题

（1）安全生产管理秩序混乱。安全生产工作重部署、轻落实，“五级五控”要求落实层层衰减，对国家电网有限公司“三令五申”、反复强调的防误管理、“两票三制”等工作要求落实不到位。责任落实不到位，国网宁夏超高压公司、银川东换流站未能真正履行主体责任，各级专业部门和单位未将防误管理职责落实到位，现场到岗到位“人到心不到”，对现场存在的违章不能及时发现、严厉制止。基础管理不牢固，专业管理、日常监督层层失守，运维人员思想麻痹、行为随意，对无票操作不知敬畏，防误闭锁系统隐患长时间未能治理。

（2）倒闸操作工作组织混乱。国网宁夏超高压公司、银川东换流站管理人员、运维人员安全意识极其淡薄，随意突破《安规》红线底线，“两票三制”、防误操作、安全工器具等安全制度执行走过场。安全组织措施随意突破，操作票填写、审核与执行不规范，值班长在操作票上签名早于操作人和监护人，现场操作人员擅自随意变更操作人和监护人，无运维人员监护、擅自解锁单人操作，在工作许可前随意指派检修人员进入倒闸操作现场，操作过程不随身携带操作票，操作前未逐项核对设备名称、编号和位置，执行高声唱票并逐项打勾记号，超出操作票范围误合接地刀闸。安全技术措施形同虚设，倒闸操作前安全工器具领用把关不严，未携带验电器，合上接地刀闸前未进行逐相验电，随意突破停电、验电、接地等最基本的安全技术措施。

（3）防误操作管理缺失。防误装置配置长期不合要求，国网宁夏超高压公司、银川东换流站未落实《变电验收管理规定》“电脑钥匙‘一主一备’配置”要求，无备用电脑钥匙。日常运维和隐患排查治理流于形式，自 2022 年 4 月 28 日使用电脑钥匙后，银川东换流站未按照主设备管理要求，开展微机防误系统及装置的巡视和功能检查，站内单套电脑钥匙长期存在故障。解锁操作流程长期违规，银川东换流站现行《防误闭锁装置管理手册》中使用解锁钥匙不需向国网宁夏超高压公司分管领导申请，长期违反《国网设备部关于切实加强防止变电站电气误操作运维管理工作的通知》（设备变电〔2018〕51 号）“报本单位分管领导许可”要求，且与站内现场运行规程规定的解锁审批流程不一致。

（4）故障处置混乱。在误操作发生后，未清醒认识事态严重性，未针对主变压器三相低压侧出口短路故障加大设备健康状况研判力度，未组织专业人员对试验结果进行充分论证，未对照《变电检测管理规定》有关要求开展进一步诊断性试验分析，冒险送电，造成事件进一步扩大。反映出设备技术管理方面存在漏洞，管理责任落实不到位。

3. 防范措施

（1）开展防误操作专项治理。开展防误操作“五查五到位”排查治理，围绕责任落实、防误装置等 15 项内容深入排查。国网宁夏电力组织督导检查，实事求是摸清底数，形成问题隐患清单，明确治理责任人。修订《防止电气误操作管理实施细则》，强化专业管理和安全监督责任，完善考核惩处机制。

（2）严格执行现场标准化作业。现场不执行标准化作业的按照严重违章处理。专业管理部门全面梳理现场标准化作业现状，组织骨干人员集中办公评估作业指导书现场实用性，突出风险防控要点，简化为标准化作业指导卡，审定后发布执行。分专业制定现场安全管控强制性措施，提高安全管控标准化能力。

（3）梳理调整作业计划。按照“能停则停”原则，梳理作业计划，各级专业部门开展安全承载力评估，经各级安委会逐级审议发布作业计划，新增、变更计划需经专项报批。作业方案提级审批，作业现场提级管控。设备日常巡视、紧急消缺和故障报修、业扩报装、装表接电等涉及客户服务的工作可正常进行，但必须加强现场安全管控。

（4）加强现场安全监督。修订安全风险管控“五同”管理办法，区分专业和作业风险等级，健全管理人员到岗到位、同进同出、联系挂点工作机制，落实“同进同出同责同奖同罚”要求，提高现场安全履责质效。各级领导人员对现场作业实行安全责任承包制，按照风险分级包干，紧盯风险管控措施落实。

（5）开展规章制度全员培训和执行督查。专业部门组织梳理安全规章制度“废改立”清单，限期完成整改。修订《安全工作奖惩实施细则》，进一步提高一线人员奖金比例，加大反违章、风险防控、隐患治理的奖励和处罚力度，激发基层人员做好安全工作的主动性。制定专项培训计划，抽调专业人员，驻班带领安全生产班组集中培训一个月。公司组织开展全员培训、模拟演练并组织考试，不合格人员待岗处理。各专业制定验收大纲，2022 年底前对安全生产班组逐个验收达标。

（6）强化电网安全风险管控。针对影响负荷供电、电力外送的重要输电通道和薄弱环节，逐项制定联合事故处置预案和负荷侧紧急控制预案，落实设备运维责任，制定规划补强或技改方案。严格执行继电保护二次安全措施要求，严防继电保护“三误”。严格执行公司防止拉闸限电“十项措施”和预警问责实施办法，度夏度冬期间，每月组织督查，发现问题严肃问责。

（7）开展安全隐患排查治理。专业部门建立健全隐患排查闭环整改机制，常态化开展隐患排查、限期治理和评估验收工作。基层单位开展专项整治“三下”问题隐患清单、事故事件暴露问题、反措落实情况隐患排查，1 个月内完成整改，未整改逐项制定风险防控措施。各关键环节明确责任人，实行签字画押。

（8）加大反违章力度。省市县公司和产业单位开展督查队员优化调整，开展标准化、全覆盖的安全督查。加大反违章曝光和惩处力度，设立光荣榜和曝光台，每周通报典型违章，选树遵章现场。修订反违章、安全奖惩管理细则，鼓励基层单位主动反违章，加大公司和上级查处违章的处罚力度。提高班组自主安全管理能力，开展“无违章班组”创建活动。

（9）为基层人员减负松绑。聚焦安全生产主责主业，把主要精力放在专业工作和安全管理上，放在基层一线和现场。不得随意要求基层单位安全生产班组长、一线人员开会。人资部梳理各级专业部门抽调基层人员现状，未履行借用手续的抽调人员一律返岗。减少各类检查，开展联合检查，减少检修施工高峰期一线人员集中培训频次。

（10）强化安全生产基础保障。安监部组织梳理基层单位安全生产硬件基础，制定措施按标准配齐。人资部组织开展基层人员承载力调查，对安全生产岗位缺员制定解决方案。压实基层单位主要负责人责任，保障安全生产岗位和班组一线人员充足。制定推进机械化代人、智能化减人等科技保安举措。

（11）治理安全管理“宽松软”。各级管理人员、安全督查人员较真碰硬抓安全管安全，坚决制止纠正管理失职失责问题，决不姑息手软。开展安全管理履责专项巡查，加快推动国家电网有限公司安全生产巡查问题整改。加强安全生产领域监督工作，对于纵容包庇、偏袒掩护的按照失职处理，给予经济、行政处罚和组织处理，并由纪委办、安监部监督执行到位。

（二十八）9月11日，江苏±800千伏泰州换流站断路器故障导致滤波器组跳闸

1. 事件经过

9月11日9时54分，±800千伏泰州换流站500千伏第一大组（#63M）交流滤波器保护A/B报“大组母线差动保护C相跳闸启动、动作”，双极高、低端主从系统各报1次“换相失败”。500千伏第一大组交流滤波器大组进线断路器5152、5153三相跳开并锁定，小组断路器5631、5632、5633、5634、5635锁定，无负荷损失。故障发生后，#64M、#65M运行，HP12/24小组滤波器5641、5643、5645、5651运行，剩余一组HP12/24小组滤波器5654冗余，SC并联电容器5642、5644、5653及HP3小组滤波器5652未投入。5633断路器报SF_6低气压报警、低气压分闸闭锁信号。

2. 暴露问题

ABB公司对于外购瓷套品控把关不严，出厂试验不完善，导致存在缺陷的产品在现场使用，并在长期运行后发生故障。

3. 防范措施

（1）督促ABB公司尽快完成故障分析。督促ABB公司与抚顺高科对原材料、生产工艺、出厂试验等环节可能造成故障的因素进行逐一试验分析和排查，提交故障分析报告和质量管控建议。

（2）加强同批次断路器状态监视工作。对于在运交流滤波器区域同批次开关设备，整治前优先采用智能巡检机器人、视频监控、SF_6压力在线监测等措施远程巡视设备状况，优化人工巡视路线和时段，设置巡视安全观察点，同步做好应急更换准备。

（二十九）10月5日，四川500千伏普提变电站2号主变压器故障跳闸停运

1. 事件经过

2022年10月5日11时42分52秒0毫秒，2号主变压器保护启动，42分52秒29毫秒，2号主变压器2号保护差动动作，42分52秒31毫秒，2号主变压器1号保护差动动作，42分52秒74毫秒，2号主变压器非电量保护重瓦斯动作，2号主变压器5052、5053、202、302开关跳闸。

监控视频显示，故障发生时2号主变压器压力释放动作喷油、C相套管断裂喷油。故障发生后，运维人员现场检查发现，2号主变压器中压侧C相套管断裂，中压侧A、B、C三相套管漏油，压力释放阀动作喷油，主变压器本体油箱中压侧有明显变形。

2 号主变压器故障后，普提变电站川电东送 1、2 号安控装置依据保留主变压器断面 700 兆瓦负荷策略控制潮流，联切 220 千伏久普线、联普线、伊普线、黄普线、特普线，带跳 3 个水电厂、8 个风电厂，共切除发电厂上网负荷 1050 兆瓦。西南电网频率最低降至 49.893 赫（500 千伏尖山变电站），西南交直流协控装置动作，提升施州直流受入功率 258 兆瓦。德阳、复龙、宜宾、锦屏、雅湖、宜昌频率控制器动作，共计减少直流送出功率 581 兆瓦。

2. 暴露问题

变压器及组部件制造质量及工艺、绝缘结构等方面存在问题隐患，套管缺乏有效在线检测手段。

3. 防范措施

（1）加强单主变压器运行期间电网运行风险管控。四川公司要根据来水情况，优化普提变电站单主变压器运行期间电网运行方式，最大程度消纳受阻水电、减少弃水，确保迎峰度冬期间电力电量平衡及电网可靠供电。要进一步加强重要联络线路、输电通道运维保障，增加巡视频次，确保设备可靠运行。

（2）强化设备更换期间现场作业风险管控。四川公司要压紧压实各级安全责任，严格落实公司秋检十三项工作要求及“五级五控”风险管控要求，加强作业计划统筹、方案编制和措施落实，刚性执行《安规》、“两票三制”，严格到岗到位，切实加强工作组织和安全管理，加大安全督察力度，杜绝设备误操作等事件，确保作业现场人身、设备安全。

（3）加强专业安全管理，夯实安全基础。四川公司要持续跟踪故障主变压器返厂检查情况，深入分析故障原因，全面排查在运主变压器安全隐患，针对性制定主变压器运维强化措施。各单位要举一反三，对照自查，全面排查治理主变压器隐患。强化主设备备品备件管理，确保储备到位，压减设备故障抢修恢复时间。在新改扩建工程规划设计阶段采用安全系数更高设备，从源头提升主变压器设备本质安全水平。

（三十）10 月 11 日，湖南±500 千伏鹅城换流站电流互感器故障损坏

1. 事件经过

10 月 11 日 8 时 26 分 14 秒 102 毫秒，5041 C 相电流互感器内部故障。2 毫秒后 500 千伏Ⅰ母母差保护动作、13 毫秒后 51B 站用变压器 T 区保护动作，Ⅰ母 5011、5021、5031、5041 断路器和降压变压器 5042 断路器跳闸。

电流互感器故障波及相邻第三串 A 相一次设备，08 时 26 分 15 秒 36 毫秒，63M 滤波场母线保护动作。165 毫秒后，鹅博甲线线路保护动作跳闸，5031、5032、5033 断路器跳闸。现场检查发现 5041 C 相电流互感器严重炸裂，瓷套及金属底座完全炸开，内部一次、二次绕组完全裸露并倾倒至地面，一次绕组绝缘纸及电容屏严重烧损。

事件造成 5041 C 相电流互感器本体损坏。损坏的瓷片碎片波及邻近设备区域，导致

5041 C 相断路器、50411 C 相隔离开关、50412 C 相隔离开关受损；5041 B 相电流互感器、5031 A 相电流互感器、504117 C 相接地刀闸、504127 C 相接地刀闸、5032 A 相电流互感器局部伞裙擦伤。事件未造成电网负荷损失。

2. 暴露问题

（1）油浸式互感器爆燃风险高。国家电网有限公司系统在运 500 千伏油浸式电流互感器共 6221 台，近十年来故障的 22 起均发生不同程度爆燃起火，故障后爆燃比例 100%，暴露出油浸式电流互感器运行风险高的问题。

（2）互感器设计上存在隐患。一是主绝缘设计厚度与国内同类型产品的绝缘厚度相比存在差距，裕度较低；二是储油柜上无压力释放通道，内部压力累积容易造成更大的破坏。

（3）厂家关键质量工艺把关不到位。暴露出该产品厂家制造质量管控不严，内部绝缘工艺质量不佳的问题，油箱注沙填充工艺落后，常规技术手段无法发现设备内部绝缘劣化的问题。

3. 防范措施

（1）开展司类型设备排查。经排查，鹅城换流站该类型电流互感器共计 11 组（33 相），其他换流站无该型号电流互感器，目前已结合本次抢修完成站内 15 相该类型电流互感器更换，剩余 18 相 2023 年已纳入 2023 年技改计划，结合 2023 年年度检修进行更换。

（2）开展存量设备技术诊断。组织对瑞士 ABB 公司生产的 IMB550 型电流互感器运行情况开展诊断分析，制定专项运维策略，确保设备退役前安全稳定运行。

（3）做好存量设备巡检的安全措施。制定鹅城换流站交流场设备专项运维策略，利用智能化巡视手段加强设备特巡，保证人员安全。科学规划停电计划与送电方案；严格送电过程安全风险管控；优化送电后 96 小时内巡视策略，优先开展远程智能巡视，优化巡视路线并设置安全观察点。

（三十一）10 月 24～26 日，西藏强降雨天气导致线路跳闸，杆塔倒塔

1. 事件经过

2022 年 10 月 25 日 23 时 46 分 58 秒 960 毫秒，500 千伏波林 Ⅰ 线 B 相跳闸，重合闸动作后复跳三相。根据保护测距信息，初步判断故障区段为 103～106 号，分布式故障诊断系统定位故障杆塔为 102 号附近，该故障区段均为单回塔架设。故障区段为山脊地形，山体陡峭，现场无任何施工迹象，天气为雨天。

2022 年 10 月 26 日凌晨 3 时，5 名巡视人员到达故障区段并开展巡视工作，发现 500 千伏波林 Ⅰ 线 103～106 号塔附近道路上有落石。因天色较晚，为保证人员安全，安排天亮后开展巡视工作。

2022 年 10 月 26 日 7 时，巡视发现 500 千伏波林Ⅰ线 105 号塔倒塔、AC 相导线断线、B 相导线有木屑及放电痕迹。

2. 暴露问题

林芝地区输电线路通道沿线地形复杂、地质松软，此次跳闸事件的发生，反应出国网西藏超高压分公司线路巡视过程中，需针对大雨等特殊恶劣天气，加强输电线路地质灾害隐患排查工作，及时消除影响电力设备安全运行的隐患。

3. 防范措施

（1）全面梳理分析所辖输电线路地质灾害隐患情况，扎实开展输电线路隐患排查，统计辖区内历年地质灾害情况，在线路初设阶段向设计单位提出有关建议，确保线路建成投运后安全稳定运行。

（2）联合国网通航公司定期开展地质灾害隐患排查，建立地质灾害隐患清单，并逐项制定整改计划和治理措施。

（3）及时修编、演练各类应急预案，配备充足应急物资，注重异常信息收集，做好应急准备。

（三十二）12 月 26 日，冀北 500 千伏金山岭变电站 2 号主变压器故障跳闸停运

1. 事件经过

2022 年 12 月 26 日 19 时 38 分 35 秒，国网冀北超高压公司智能运检管控中心报：金山岭变电站 500 千伏 2 号主变压器跳闸，2 号主变压器两套主保护（PST 和 CSC）动作，2 号主变压器非电量保护动作，主变压器三侧 5041、5042、2202、602 开关跳闸。

2022 年 12 月 26 日 19 时 44 分，当值运维人员检查监控机受影响设备信息：金山岭变电站 2 号主变压器两套主保护（PST 和 CSC）动作，2 号主变压器本体重瓦斯动作，本体轻瓦斯动作，压力突变动作，压力释放动作，1 号站用变压器保护过流Ⅱ段动作。5041、5042、2202、602、605 开关跳闸，0.4 千伏 401 开关跳闸，低压自投成功，412 合闸。金山岭变电站 2 号主变压器故障前负荷 58 兆伏安，主变压器负载率为 8%。本次跳闸未造成负荷损失。3 号主变压器负荷 118 兆伏安，负载率 16%。

2022 年 12 月 26 日 19 时 55 分，当值运维人员将跳闸信息上报承德分部运维班，并组织开展一、二次设备检查，现场检查发现 2 号变压器 A 相本体漏油，2 号变压器 A 相高压及中压套管破损，现场开关动作情况与监控机所发信号一致。

2022 年 12 月 27 日 08 时 06 分，金山岭站 2 号主变压器由热备用转检修，国网冀北超高压公司开展 2 号主变压器跳闸后检查试验工作。

故障后，现场检查发现 2 号主变压器 A 相本体油箱开裂、漏油，高压套管中上部开裂，中压套管顶部将军帽移位，变压器周围多处散落绝缘子碎片。主变压器消防采用水

喷淋系统，消防系统不满足启动条件，未启动。

2. 暴露问题

金山岭变电站故障主变压器套管顶部密封工艺不良，生料带缠绕密封装配工艺分散性大，属于厂内制造阶段问题，存在运行隐患。

3. 防范措施

（1）梳理相同密封结构的在运套管排查清单，根据清单提出套管备品储备标准，密封结构和工艺整改方案。

（2）开展故障套管密封件老化分析，重点对波纹管及导杆间密封圈开展分析。

（3）开展高、中压套管 CT 接入故障录波工作，同时升级录波系统采样率。

（4）针对片散结构的主变压器，研究优化非电量保护方式和整定值，提高保护灵敏度。

（三十三）1 月 25 日，陕西±800 千伏祁韶线因覆冰导致地线断裂，极Ⅱ闭锁

1. 事件经过

2022 年 1 月 25 日 15 时 57 分 36 秒 803 毫秒，±800 千伏祁韶直流极Ⅱ线路故障，极Ⅱ线路两次重启动不成功，极Ⅱ闭锁。

1 月 23 日，国网陕西超高压公司通过可视化在线监测系统发现 2501～2502 号区段导地线有覆雪现象，安排运维人员进行了现场核实，由于持续大雾影响，初步判断导、地线有轻微覆冰。24 日运维人员到达现场检查发现地线、光缆上雪雾混合凇，厚度约 15～20 毫米；导线上雪雾混合凇，厚度约 10 毫米。由于持续大雾，能见度不到 30 米影响，无法观察到地线、光缆真实弧垂情况，25 日运维人员再次前往 2502 号现场测量核实地线、光缆弧垂，因降雪及持续大雾导致现场能见度低，一时无法测量弧垂，人员在现场等待观测时机并寻找合适观测点。1 月 25 日 15 时 57 分发生故障时附近特巡测量人员听见连续两次响声，立即向响声方向查找，由于当时山上浓雾、降雪能见度极低，特巡测量人员顺着 2502 号杆塔向小号侧方向隐约可以看到地线断线，最终确认故障为 2501～2502 号档内地线断线。

2. 暴露问题

恶劣天气导致覆冰超设计值引发地线断线。设计单位对线路途经区域覆冰等气象资料调查统计不足，线路局部区段差异化设计不到位，无法抵御特殊气象的侵袭。

3. 防范措施

（1）落实雨雪冰冻灾害天气下运维措施。依据天气预报，春节期间全省天气仍存在覆冰天气过程，组织国网陕西超高压公司、陕西送变电公司落实好春节期间跨区电网设备运维保障措施，着重加强祁韶线、青豫线、吉泉线、德宝线等线路山区区段覆冰观测，

做好应急处置。国网陕西超高压公司、国网陕西信通公司加强祁韶线通信迂回通道相关OPGW、通信设备运维保障，确保通信可靠。

（2）编制特高压线路覆冰改造方案。国网陕西电力设备部牵头，组织国网陕西超高压公司、国网陕西电科院、陕西省电力设计院等单位，排查梳理±800 千伏祁韶线、青豫线等易覆冰区段，投运以来设备运行情况，并结合地形等情况，编制针对性改造方案，纳入大修技改计划实施，提升特高压线路抗冰能力。

（3）开展线路观冰及融冰技术研究。开展陕西境内典型覆冰类型及特点、秦岭山区覆冰等效系数的实勘调研，以及特高压跨区电网线路易覆冰区域微地形微气象区段的梳理排查，探索不同气象条件下的观冰及在线监测技术，为及时掌握线路覆冰状态提供技术支持。同时，调研国内导地线融冰现状，并结合陕西电网特点，编写和完善输电线路导线融冰方案，探索地线/光缆绝缘化改造技术，为不同电压等级导地线融冰方式提供技术支撑。

（三十四）2 月 8～10 日，±800 千伏陕武直流河南段因覆冰导致线路受损，双极线路停运消缺

1. 事件经过

2 月 8 日 12 时 30 分，河南送变电公司巡视人员发现±800 千伏陕武线 1865 号塔右侧（极Ⅱ）地线横担弯折，属危急缺陷。13 时 25 分，申请直流极Ⅱ停运，16 时 18 分，极Ⅱ转冷备用。

2 月 9 日，河南送变电公司在开展 1865 号塔抢修准备过程中，发现 1866 号塔左侧（极Ⅰ）光缆从线夹中脱出，光缆落至极Ⅰ导线横担位置，属危急缺陷。12 时 49 分，申请直流极Ⅰ停运，15 时 25 分，极Ⅰ转冷备用。

2 月 10 日 12 时 52 分，±800 千伏陕武线极Ⅰ、极Ⅱ由冷备用转检修。

2 月 10～16 日，国网河南省电力公司按照国网设备部《关于开展特高压陕武直流隐患排查工作的紧急通知》，对陕武线河南段全线开展了隐患排查，完成全部 884 基杆塔无人机排查和 342 基重点杆塔人工登塔、走线检查，累计发现缺陷 15 处，其中危急缺陷 6 处、严重缺陷 4 处、一般缺陷 5 处。

2. 暴露问题

暴露出线路在设计阶段，存在对各类自然灾害预想不足、安全裕度不够的问题。

3. 防范措施

（1）加强覆冰舞动观测。密切关注天气变化情况，重点对易覆冰、舞动区段，安排人员提前进驻，结合各类在线监测设备，开展覆冰、舞动观测工作，及时报送相关信息。

（2）扎实做好应急准备工作。异常天气提前做好人员组织及值班安排，对应急设备、

车辆、工器具、物资等进行检查，积极做好应急抢修准备等工作，结合线路覆冰舞动实际情况及时组织会商研判，采取有效措施，确保及时应对突发紧急情况。

（3）积极开展在线监测设备安装工作。结合±800 千伏陕武线实际情况，利用自有备品，积极开展在线监测设备安装工作，同时对陕武线在线监测部署进行整体规划，通过申报技改项目形式加以部署。

（三十五）2 月 12 日，±800 千伏雅湖直流地线脱落导致极Ⅱ紧急停运消缺

1. 事件经过

2 月 12 日 12 时 50 分，国网湖南超高压输电公司运维人员在对±800 千伏雅湖线开展防冻融冰特巡时，发现 0932 号极Ⅱ地线掉落横担上。12 时 58 分，通过无人机航拍发现 0932 号极Ⅱ地线金具串中的 ZBD 直角挂板损坏。

2 月 12 日 13 时 20 分，运维公司获悉地线掉落的情况后立即组织成立应急抢修工作小组，制定应急处置方案，并组织抢修队伍赶往现场。

2 月 13 日 03 时，抢修人员到达云南省昭通市镇雄县。07 时 34 分，抢修人员到达抢修现场，并按计划开展准备工作。13 时 11 分，雅湖线由运行转检修状态。17 时 56 分，抢修工作完成。

2. 暴露问题

挂板未按照设计尺寸加工，暴露出金具生产厂家质量管控不到位，无法满足运行环境要求的问题。

3. 防范措施

组织对同型号挂板使用情况进行梳理，全面追溯同类型同批次问题金具去向，对雅湖线全面进行排查，利用停电检修对问题金具按照设计串图重新进行安装修复。

（三十六）5 月 22 日，四川 500 千伏普提变电站因操作不慎造成线路开关跳闸

1. 事件经过

5 月 22 日 14 时 40 分，运维人员许可耐压试验工作票开工，工作内容为 500 千伏榄普一线/普洪三线 5032 开关及 CT1、CT2、50322 刀闸、500 千伏普洪三线 5033 开关及 CT2、50331、50332 刀闸、2 号主变压器 50532 刀闸、500 千伏Ⅱ母母线及电压互感器、500 千伏普洪三线出线套管耐压试验。

14 时 43 分，在得到工作负责人的开工通知后，作业人员杨×、专责监护人王××与运维人员共同进入 500 千伏 GIS 室，开始执行二次安全措施票第一项任务“5023 开关汇控柜内至 500 千伏榄普二线 2 号线路保护屏 CT 电流二次回路隔离”。

14 时 56 分，在执行解开××T16－13 端子连片（5023 开关 A 相 CT－A 与榄普二线 2 号线路保护连片）时，作业人员杨×误将第 1 步中的试验短接线碰掉，导致榄普二线 2 号线路保护使用的 5022 开关 A 相电流回路开路，2 号线路保护 A 相电流变为 0，二次回路产生三相不平衡零序电流，造成榄普二线 2 号线路保护零序Ⅲ段保护出口跳开 5022 开关。

2. 暴露问题

（1）计划管理不统筹。施工项目部管理人员未根据耐压试验所需的安措对作业计划和停电范围进行合理安排，施工单位未按规定流程提交变更设备状态的计划申请，也未协调将陪停开关转检修，临时以会议形式审定耐压试验补充方案，补充对运行中线路保护二次端子的工作任务，增加了作业风险。

（2）作业违章未杜绝。作业时未严格执行二次安措票“应用短接片或导线压接”的要求，实际使用的试验短接线不符合要求、插接不可靠，也未采取紧固措施，误碰掉落，造成二次回路开路。工作票安全措施中未合母线 5217 接刀，也缺少二次相关工作任务、地点以及防止二次回路误碰等安全措施，防触电、防二次误碰风险点未管控到位。

（3）现场监护不到位。专责监护人未起到监护作用，未检查试验短接线是否牢固，对作业人员不规范行为没有及时制止和纠正。工作负责人作业前未能认识到二次运行设备作业风险，未进行安全交底。运维单位派出的技术监督人员为一次检修（高压试验）专业人员，二次专业能力不足，难以对涉及运行设备的二次作业进行监督把关。

（4）到岗到位未落实。高压耐压试验属于基建三级施工安全风险，按照公司《输变电工程建设安全管理规定》要求，至少应有安全/专业监理、监理员及施工项目经理/施工项目总工等管理人员到岗到位，但当天仅有一名现场监理人员，且在现场检查中未能及时发现并制止施工人员未严格执行二次安措票要求等行为，到岗履职不力。

3. 防范措施

（1）严格二次作业违章查纠。按照《国网安委办关于进一步加强反违章工作管理的通知》（国网安委办〔2022〕22 号），将此次事件暴露出的“在执行二次安全措施时，未按要求使用短接片或短接线，未验证接线紧固程度”违章问题追加为Ⅱ类严重违章，在公司印发本期事件通报之日起生效。各级要严查严纠二次作业违章行为，对重复发生的纳入企业负责人业绩考核，从严落实惩处措施。

（2）加强老旧二次设备风险管控。对在运老旧二次设备存在的端子插孔孔径增大、端子排操作空间狭小等影响作业安全的风险进行全面梳理，加强风险警示，指导施工、运维人员落实有效的风险管控措施。针对不具备多路电流输入功能的老旧保护装置，统筹利用技改大修资金项目，有序推进老旧设备改造更换，用技术手段减少保护“三误”风险。

（3）加强二次安全措施执行管理。落实 Q/GDW 1799.1—2013《国家电网公司电力

安全工作规程　变电部分》要求，对需要拆断、短接和恢复同运行设备有联系的二次回路工作，规范填用二次安全措施票，将涉及的二次工作地点、主要任务和防止二次误碰的安全措施等纳入工作票，严格履行工作票签发、许可流程，做好二次作业安全、技术交底和现场监护，杜绝保护“三误”事件。

（4）加强在运变电站基建施工管理。严抓基建各方安全履责，建管单位要掌握建设施工期间的关键风险点，开工准备阶段加强协调，合理安排停电计划和工作任务，避免增加安全风险，作业期间督促监理、施工等各方落实安全管理责任，协同管控风险；施工单位认真落实现场查勘和施工方案编审批制度，严格对照运行设备管理规定组织施工作业，配齐常用作业用具；运维单位落实设备主人职责，认真核查施工方案及作业计划内设备状态及安全措施，方案变更应由熟悉设备的专业人员审核把关，严把运行设备作业安全关。

（三十七）7月4日，上海电缆终端故障导致开关跳闸

1. 事件经过

2022年7月4日16时34分01秒645毫秒，渡丁2128线发生B相接地故障。黄渡变电站渡丁2128第一套保护接地距离一段动作，渡丁2128第二套保护快速距离保护动作、距离一段动作，开关跳闸，故障电流42千安，持续时间53毫秒；1582毫秒后重合闸动作，开关合闸，重合于B相永久性故障，渡丁2128第一套保护距离二段加速动作、距离加速动作，零序加速动作，渡丁2128第二套保护距离加速段保护动作，开关跳闸，故障电流42千安，持续时间55毫秒。故障发生后，运维单位第一时间组织人员开展线路故障特巡，发现故障点位于渡丁2128（黄渡）B相户外终端处。

2. 暴露问题

电缆设备精细化管理不到位，部分电缆长时间运行后存在绝缘缺陷，严重时会形成绝缘径向击穿通道，导致电缆终端绝缘击穿，引起线路跳闸。

3. 防范措施

（1）加强同厂家220千伏在运电缆线路状态检测。梳理国网上海电力在运同厂家220千伏电缆线路清单，对相近生产日期的线路开展一轮局放、红外精测工作，并细致分析带电检测数据。

（2）全面深化电缆设备质量管控。强化入网设备质量管理，全面开展电缆及附件技术符合性评估，继续做好现场施工质量管控，提升设备质量和健康水平。

（三十八）7月27日，四川保护设置错误导致主变压器跳闸

1. 事件经过

2022年7月27日09时01分08秒474毫秒，500千伏路乐二线C相跳闸，重合成

功；27 毫秒后，1 号主变压器 1 号 PCS－978GC 保护装置零序差动动作、分侧差动动作，跳开主变压器三侧 5011、5012、201、301 开关；1 号主变压器 2 号 CSC－326CE 保护装置正常启动未动作。7 月 27 日 17 时 14 分，1 号主变压器转冷备用，现场检修人员会同南瑞科技公司技术人员对全站 42 台同型号合并单元进行检查，发现 5011 开关 1 号合并单元装置参数错误，其余装置无异常。

2. 暴露问题

（1）对系统内厂家人员管控长期存在麻痹思想。以南瑞集团有限公司为代表的一批系统内龙头企业，长期、广泛从事系统内各专业设备研发及现场工程实践工作，技术储备及现场经验丰富，在此背景下，公司员工普遍主观上存在严重的依赖思想，对该类厂家人员的作业质量过于放心，对厂家责任范围内的工作关注不够，对该部分厂家的管控力度往往不及对系统外厂家，最终导致未能及时发现厂家误删系数文件的行为。

（2）人才培养滞后，缺乏核心技能人员。长期以来系统内员工对南瑞集团有限公司等系统内厂家的工作介入较少，仅局限于对成品设备的调试，对设备内部运行机制和原理掌握不足、理解不透，熟练掌握现场设备安全运行全部关键点的核心技能人员缺乏，导致现场安全监管内容不全、针对性不强。

（3）缺乏底线思维，风险辨识不足。盲目相信南瑞集团有限公司等系统内厂家人员工作能力和技术水平，忽略了人的不可控因素，厂家人员失误或过失后无保底措施，没有把安全的最后一道防线掌握在公司自有人员手中，把控安全的“底线”意识不够；作业前未全面辨识厂家工作过程中的危险点，未对厂家人员作业流程提前审批，过程中进行逐项监管，导致作业现场风险管控出现重大疏漏。

（4）缺乏合并单元文件完整性的有效监控手段。南瑞科技合并单元 NSR－386AG 装置缺少防误删功能，告警机制不完善，装置文件丢失后，装置无法实时通过后台监控、装置就地发出告警信号，现场运维检修人员不能及时发现装置文件丢失，装置文件完整性缺乏有效监控手段。

3. 防范措施

（1）开展合并单元隐患大排查。一是在全省范围内开展第一代智能站合并单元系数文件、保护采样、装置告警拉网式排查，已排查 273 台同型号合并单元，暂未发现问题。二是通过不同合并单元采样横向对比，以及同一合并单元输入输出量纵向对比，排查核实装置运行状态。三是根据电网运行方式安排停电排查，拟对合并单元进行采样精度测试，重启合并单元后再进行一次采样精度测试。四是在完成停电对合并单元进行采样精度测试前，加强运行监视，禁止重启，若必须消缺重启，提级按危急缺陷管控，停运受影响相关保护装置后再消缺。

（2）完善合并单元装置相应告警信号。督促厂家举一反三，针对涉及合并单元装置可能发生的隐蔽性不正常运行状态进行研究，完善实时后台监控、装置就地告警信号。

（3）研究现场检验改进方法。智能变电站在年检调试完成后，为消除各类告警信号、保障“通道延时”等参数一致性，对所有智能设备进行重启，并查看各类设备的告警信号。研究重启后合并单元关键二次回路加量再检验的必要性。

（4）丰富运维管理手段。强化作业准备，全面掌握厂家作业内容和工作流程，充分开展作业前风险分析、讨论，有效识别和控制风险；加强厂家人员技能水平鉴定，完善审核工作日志、开展数据核查等管控手段，并通过安全协议进行硬约束。进一步补充和完善智能设备厂家调试工作在两票、中间验收、竣工验收等环节的管理要求和签字确认流程。

（5）提升二次人员技能水平。结合全业务核心班组的建设，加强合并单元、智能终端等涉及厂家内部参数设置的技术学习，掌握内部原理，知晓潜在风险，并完善一表一库风险提示库，切实提升自主检修和辨识风险的能力。

（6）强化智能变电站运维管理。联合国网四川电科院和设备厂家，进一步深入分析第一代智能变电站的问题隐患，强化闭环整改；完善智能变电站二次检修标准化作业流程，举一反三，加强智能变电站配置文件管理，依托智能变电站配置文件管控系统，遵循“源端修改、过程受控”的原则，实现配置文件申请、审核、变更、下装、调试、验证、归档全过程管控，确保过程可追溯。梳理现场运行规程，补充第一代智能变电站的问题隐患和运维管控手段。

（7）加强合并单元入网管理。新建的500千伏变电站，已取消应用合并单元，采用电缆直接采样的方式将二次电流引入保护装置；在运的500千伏变电站，将根据变电站在电网结构中的重要程度，结合变电站综合自动化改造，有序拆除合并单元，降低不成熟产品对运维工作带来的负面影响。

（三十九）8月8日，四川500千伏普洪二线线路掉线

1. 事件经过

2022年8月8日21时31分，500千伏普洪二线双纵联保护动作跳闸，选相B相，重合不成功。分布式故障诊断装置显示故障点位于193号杆塔附近，所属行政区域位于凉山州美姑县龙窝乡。500千伏普洪二线故障后负荷转移至500千伏普洪一、三线，无负荷损失。故障发生后，现场立即安排了故障特巡，8月9日00时26分，巡视发现500千伏普洪二线191号塔B相大号侧左下子导线耐张线夹损坏。8月9日17时31分，完成应急处置，线路恢复正常运行。

根据现场勘查情况，500千伏普洪二线191～192号档B相左下子导线在191号塔的导线耐张线夹引流板处断裂，耐张线夹的钢锚整体从线夹内脱出，铝管基本保持完好。为快速恢复线路运行，根据设计校核的三根子导线满足运行工况要求的结果，制定了本次故障临时应急处置方案，即对500千伏普洪二线191～192号段B相左下子导线拆除，

191号大号侧B相左下子导线锚固在其他三根子导线上。在该子导线更换前，现场安排专人监测线路运行情况，每天进行红外测温，监控线路、金具等运行状态变化情况。9月24日，开展500千伏普洪二线停电检修工作，更换191～192号档故障子导线，恢复500千伏普洪二线正常运行状态。

2. 暴露问题

施工压接人员压接工艺不到位，耐张线夹内部产生较大预应力，叠加设备运行22年长期处于冰冻、大风等自然环境影响，造成耐张线夹断裂损坏。

3. 防范措施

（1）开展耐张线夹隐患排查。梳理公司所辖500千伏及以上输电线路类似峡谷地形环境的大档距区段，利用线路停电机会，对该类型区段的耐张线夹全面开展X光检测工作，分析、查找耐张线夹的设备隐患，及时采取耐张线夹更换或加装后备保护措施等方式进行缺陷消除。

（2）评估年限较长线路运行风险。梳理在运线路技术台账，针对运行年限10年以上线路进行风险评估，重点排查并沟线夹、耐张线夹、复合绝缘子等发热情况。在大负荷期间，通过人机协同的方式、红外测温等手段，加大设备运行情况监测力度。加快推进输电线路老旧复合绝缘子更换等设备大修工作，整治运行年限较长、运行工况不良的线路设备隐患，切实提升输电设备本质安全水平。

（3）提升线路抵御风险能力。加快推进输电线路全线可视化，实现设备状态实时感知、重大隐患监控及时预警。同时结合停电计划，对输电线路类似峡谷地形环境的大档距、大高差微地形微气象区段，加装导地线后备保护措施，提升设备抗灾能力，避免设备故障引发断线、掉线事件发生。

（四十）8月25日，湖南500千伏潇星Ⅱ线绝缘子掉串

1. 事件经过

2022年8月25日21时31分，湖南公司500千伏潇星Ⅱ线（潇湘—星城）55号塔（同杆并架，紧凑型）因A相V串绝缘子掉串故障跳闸，重合不成功，故障造成祁韶直流双极低端换流器发生2次换相失败，祁韶直流双极高端及雅湖直流双极低端、极Ⅱ高端换流器各发生1次换相失败。

8月25日21时46分，接到故障信息后，国网湖南超高压输电公司立即成立故障查找工作小组，组织对500千伏潇星Ⅱ线050～070号开展故障查线。8月26日05时08分，故障查找人员发现055号塔A相V形绝缘子串内侧复合绝缘子高压端脱串，公司立即组织制定应急处置方案“更换055号塔A相V形复合绝缘子串”，并组织抢修队伍赶往现场。

8月26日12时，抢修人员及相关物资抵达现场。13时，抢修准备工作全部完成。

13 时 13 分，500 千伏潇星Ⅱ线转检修，但因电网负荷处于高峰，与 500 千伏同塔的潇星Ⅰ线未能转检修。在潇星Ⅱ线停运期间，运行单位组织对 76 基杆塔开展特级保电。8 月 27 日 05 时 07 分，潇星Ⅰ线转检修，抢修工作开始。14 时 11 分，完成抢修工作，线路转运行。

2. 暴露问题

（1）绝缘子故障隐患排查不到位，未严格落实复合绝缘子外观检查工作要求。

（2）绝缘子生产厂家质量管控不到位，复合绝缘子护套存在质量缺陷。

3. 防范措施

全面开展老旧复合绝缘子隐患排查。立即组织对辖区所有线路 6 年以上复合绝缘子进行排查统计，在 9 月完成隐患排查，并同时完成数据分析。强化日常运维过程中无人机等新技术的应用以及检修过程管理，多种手段互补并用强化设备运维能力，及时发现设备本体及通道缺陷隐患，并及时做好消缺处置，确保输电线路安全稳定运行。

（四十一）12 月 4 日，湖南 500 千伏古星Ⅰ线绝缘子掉串

1. 事件经过

2022 年 12 月 4 日 17 时 09 分 06 秒，500 千伏古星Ⅰ线（古亭—星城）C 相（中相）故障跳闸，重合闸不成功。12 月 4 日 07 时 30 分，接到故障信息后，运维单位立即成立故障查找工作小组，组织对 500 千伏古星Ⅰ线 089～094 号开展故障查线。18 时 34 分，6 名运维人员到达现场开展地面查线；19 时 53 分，发现古星Ⅰ线 091 号中相（C 相）右串绝缘子断串。

运维单位立即成立应急处置工作组，编制抢修方案，准备工器具材料，并组织抢修人员前往现场，并向调度申请 12 月 5 日 07 时 00 分至 17 时 00 分停电开展故障抢修工作。12 月 5 日 04 时，抢修人员及相关物资抵达现场；06 时 56 分，古星Ⅰ线转检修，抢修工作开始；15 时 43 分，抢修工作全部完成并申请复电；17 时 59 分线路转运行。

2. 暴露问题

（1）设备隐患排查治理机制不健全。隐患排查不到位，作业人员隐患排查能力有所不足，登塔及走线检查未能发现护套裂纹缺陷，导致线路带病运行。

（2）隐患治理前防控不到位。已发现古星Ⅰ线 091 号中相（C 相）右串绝缘子串温差 7.5K，纳入隐患管控并制定了特巡监测工作计划，但因 11 月株洲地区受疫情等客观因素影响，风险防控措施未能有效实施，导致隐患最终演变成事件。

（3）技术监督工作未抓实。复合绝缘子日常检测检查工作标准不清、要求不明，数据分析存在偏差。复合绝缘子日常外观检查不重视，无人机巡检只是机械执行自主巡检工作要求，对复合绝缘子整串进行拍照，针对性不强、质效不高。

（4）专业技术管理不到位。在组织开展大范围普测前，未组织开展针对性专业培训，

造成检测、检查工作标准执行不严，未能有效高质开展红外检测工作，导致缺陷定性不准确。

（5）老旧复合绝缘子掉串风险始终存在。受设备老化、外部环境等因素影响，隐患进一步恶化导致复合绝缘子断串进而引发线路跳闸的安全风险将持续存在。

3. 防范措施

（1）吸取事件教训，加强复检和消缺工作。针对复测后的判定为严重缺陷的 12 基杆塔，考虑串型为双 V 形串、跳线串或双 I 形串，建议结合停电检修更换；缺陷未消除前每周一次加强监测，对于复测情况恶化的缺陷，立即申请停电消缺。

（2）加强复合绝缘子管控监督。一是建立检测分析三重保障机制，严重及以上缺陷由省电科院进行复核，运维单位配合开展复检及可见光检查相关工作，按月督导复合绝缘子缺陷检出及消缺情况。二是优化抽检机制，根据复合绝缘子投运年限、生产批次等情况，结合带电作业、停电检修对不同运维环境的复合绝缘子抽样开展试验。三是建立检测作业、数据分析团队，组织省超高压输电公司每个运维分部成立检测作业、数据分析团队，开展专项培训，熟知红外检测要求、无人机红外检测拍摄要点，提升红外测温照片拍摄质量及数据分析水平。

（3）制定检测检查标准。一是明确复合绝缘子红外检测周期，优化红外检测、可见光外观检查要求，规范复查工作机制，充分考虑检测时季节、气温、湿度等因素，有效提升检测质量。二是 2023 年停电检修期间，坚持“逢停必检”，对复合绝缘子高压端外观开展全方位检查。三是优化无人机巡检航迹，在自主巡检航迹规划方面探索复合绝缘子外观检查航迹规划，优化无人机航迹拍摄点，重点针对高压端增加多角度细节拍摄点位，提高巡检效率，提升外观检查质效。

附表 1

六级及以上事件统计表

序号	单位	人身事故		电网事件		设备事件		设备事故
		起数	死亡人数	五级	六级	五级	六级	四级
1	国网北京电力							
2	国网天津电力				1			
3	国网河北电力							
4	国网冀北电力				1	1		
5	国网山西电力			2				
6	国网山东电力				1			
7	国网上海电力						1	
8	国网江苏电力			1		2		
9	国网浙江电力							
10	国网安徽电力							
11	国网福建电力							
12	国网湖北电力			1	1			
13	国网湖南电力					1	3	
14	国网河南电力						1	
15	国网江西电力				1			
16	国网四川电力	1	1	3	2	1	3	
17	国网重庆电力			1				
18	国网辽宁电力				2			
19	国网吉林电力			1				
20	国网黑龙江电力							
21	国网蒙东电力				2			
22	国网陕西电力				1		1	
23	国网甘肃电力							1
24	国网青海电力				1			
25	国网宁夏电力	1	1			1		
26	国网新疆电力							
27	国网西藏电力	1	1		2	1		
28	国网新源公司							
29	国网特高压建设分公司							
30	综能集团							
31	南瑞集团				1		1	
合计		3	3	9	16	7	10	1

附表 2

六级及以上电网、设备事件简况表

1. 电网事件

序号	日期	单位	事件简题	等级	原因
1	1 月 5 日	国网四川电力	1 月 5 日，四川公司 500 千伏月雅Ⅰ、Ⅱ线（月城—雅砻江）因山火相继 B、A 相故障跳闸，均重合不成功。500 千伏月雅Ⅰ线 5061 断路器经历 3 次合闸后（2 次重合、1 次试送），开关合闸电阻过热损坏，导致月城站 500 千伏 1 号母线跳闸	五级	山火
2	1 月 21～23 日	国网山西电力	1 月 21～23 日，山西公司因冰害导致 5 条 500 千伏线路（临会一线、临会二线、左潞二线、风运一线、风运二线）跳闸 6 次	五级	冰害
3	5 月 30 日	国网江苏电力	5 月 30 日，江苏公司±800 千伏锡泰直流线路 2781～2782 号塔之间导线上发生异物（塑料薄膜）搭接放电，造成极Ⅰ、极Ⅱ双极闭锁，损失功率 265 万千瓦，安控切除新能源 326.8 万千瓦。京能集团乌兰电厂 1 号和 2 号机、华润电力润青电厂损失功率共 75 万千瓦	五级	异物放电
4	6 月 20 日	国网吉林电力	6 月 20 日，吉林公司白城、松原地区遭受雷暴大风强对流天气，造成 500 千伏扎兴 1、2 线（扎鲁特换流站—兴安）故障同停，7 条 220 千伏、3 条 66 千伏、106 条 10 千伏线路停运，4 基 220 千伏、9 基 66 千伏线路杆塔倒塔	五级	风害
5	8 月 12 日	国网湖北电力	8 月 12 日，湖北公司 500 千伏兴咸Ⅰ线（兴隆—咸宁）A 相故障跳闸，重合成功。14 时 25 分 47 秒，兴咸Ⅰ线再次 A 故障跳闸，未重合（重合闸充电时间未到）。14 时 54 分，兴咸Ⅱ线 C 相故障跳闸，重合不成功。15 时 18 分、15 时 30 分，兴咸Ⅰ、Ⅱ线相继试送成功。16 时 09 分，兴咸Ⅱ线 A 相故障跳闸，重合不成功。17 时 08 分，兴咸Ⅱ线再次试送成功	五级	山火
6	8 月 21 日	国网重庆电力	8 月 21 日，重庆公司 500 千伏珞璜三期电厂—巴南双线（同杆并架）因山火相继 C、A 相故障跳闸，均重合不成功，珞璜三期电厂（华能，2×60 万千瓦）送出线路全失，5、6 号机跳闸，损失出力共 113 万千瓦。故障导致西南频率由 49.98 赫最低降至 49.88 赫，宜宾、复龙、锦屏、雅砻江换流站频率控制器动作减少直流送出功率共 59 万千瓦	五级	山火
7	9 月 5 日	国网四川电力	9 月 5 日，四川甘孜州泸定县发生 6.8 级地震，造成四川公司 500 千伏石棉变电站 3 台主变压器漏油，5 座 110 千伏变电站、4 座 35 千伏变电站停运，1 条 500 千伏线路跳闸、5 条 110 千伏线路跳闸、9 条 35 千伏线路停运、46 条 10 千伏线路停运，958 个台区、43158 户用户停电	五级	地震
8	11 月 11 日	国网四川电力	11 月 11 日，四川公司 500 千伏塘乡二线（巴塘—乡城）C 相因山火故障跳闸，重合不成功。14 时 41 分，塘乡一线 B 相因山火故障跳闸，重合不成功。故障造成西藏电网带柴拉直流孤网运行	五级	山火
9	12 月 12 日	国网山西电力	12 月 12 日，山西公司 500 千伏忻石Ⅱ、Ⅰ线（忻都—石北）因山火先后相间故障跳闸	五级	山火
10	1 月 8 日	国网青海电力	1 月 8 日，青海海北州门源县发生 6.9 级地震，造成 2 条 330 千伏线路（达滩牵一、二线）、2 条 110 千伏线路（达默线、纳达线）、1 条 35 千伏线路、8 条 10 千伏线路跳闸，影响台区 313 个、用户 2833 户	六级	地震
11	2 月 24 日	国网西藏电力	2 月 24 日，西藏公司±400 千伏柴拉直流（柴达木—拉萨）因拉萨换流站内光 CT 故障，极Ⅱ闭锁，极Ⅰ转带功率至 34 万千瓦（故障前双极功率 45 万千瓦）	六级	设备故障

续表

序号	日期	单位	事件简题	等级	原因
12	3月1日	国网辽宁电力/南瑞集团	3月1日，因南瑞运维厂家人员操作不当，误将辽宁公司调度AGC备用系统切为主机运行，导致AGC系统误下指令，造成东北电网频率降低，最低跌落至49.75赫。辽宁省调立即暂停AGC功能，并安排水电开机，同时恢复新能源场站出力，15时30分，电网频率恢复至正常范围	六级	调试管理不当
13	3月24日	国网山东电力	3月24日，山东公司胶东换流站银东直流极Ⅱ02B Y/Y换流变压器饱和保护1动作、保护2启动（许继，2011年1月投产），银东直流极Ⅱ闭锁，损失功率198万千瓦	六级	设备故障
14	4月17日	国网江西电力	4月17日，江西500千伏梦山变电站站内电缆沟电缆短路着火，导致51、52保护小室站用直流系统电源电缆受损，保护小室内500千伏线路保护，500千伏Ⅰ、Ⅱ母线保护和站内稳控装置失电，咸梦Ⅰ线等6回500千伏线路被迫停运	六级	运维不当
15	4月25～26日	国网蒙东电力	4月25～26日，蒙东公司呼伦贝尔地区遭受暴风雪，线路跳闸导致4座变电站全部失电（110千伏西乌珠尔变电站、哈达图变电站、35千伏东乌珠尔变电站、哈吉变电站），共计损失负荷0.189万千瓦	六级	雪灾
16	5月21日	国网湖北电力	5月21日，湖北公司宜昌换流站单元Ⅰ阀控B系统切换至值班后，C相上桥臂阀控B系统运算板（荣信汇科，2019年7月）故障，导致子模块陆续故障旁路，造成单元一闭锁，宜昌直流功率最大损失125万千瓦、稳态损失44万千瓦（闭锁前双单元功率169万千瓦，闭锁后单元Ⅱ功率短时由85万千瓦降至44万千瓦（持续时间1秒），随后转带至125万千瓦）	六级	设备故障
17	5月25日	国网天津电力	5月25日，天津公司500千伏滨海变电站220千伏4甲、4乙母线停运后，拉开220千伏4甲与5甲母联开关5甲母侧2245－5刀闸后，因2245－5 A相刀闸拉弧放电，滨海变电站220千伏5甲母双套母差保护动作跳闸（选A相），带跳接于5甲母上的500千伏2号主变压器、220千伏滨海—鄱阳路双线、滨海—创业双线、滨海—米兰双线6回出线。故障造成220千伏米兰、洞庭路站片区（滨海区）孤网运行，未造成负荷损失	六级	设备故障
18	5月26日	国网陕西电力	5月26日，陕西公司陕武直流极Ⅱ转为金属回线方式运行操作过程中，因金属回线避雷器故障，金属回线纵差保护动作，极Ⅱ闭锁，损失功率232万千瓦。故障造成西北电网频率最高波动至50.11赫，安控动作切除西北新能源机组25.47万千瓦（动作门槛210万千瓦）；华中电网频率最低波动至49.92赫，长南Ⅰ线功率最大波动227万千瓦（由北送30万波动至南送197万千瓦），华中侧安控装置正确不动作（动作门槛450万千瓦）	六级	设备故障
19	6月1日	国网四川电力	6月1日，四川雅安市芦山县发生6.1级地震，造成四川公司1座110千伏、11座35千伏变电站、1条110千伏、11条35千伏（其中受累停运7条）、45条10千伏线路、1239个台区、5.15万户用户停电	六级	地震
20	6月10日	国网四川电力	6月10日，四川阿坝州马尔康市共发生9次地震（其中4.0级以上6次，最高震级6.0级），累计造成四川公司4座35千伏变电站全停，2条35千伏线路、9条10千伏线路跳闸（位于阿坝），损失负荷0.0609万千瓦	六级	地震
21	6月22日	国网西藏电力	6月22日，西藏公司110千伏芒盐线（芒康—盐井）发生雷击故障，因汇控柜内遗留施工短接线未拆除，导致CT二次绕组变比与110千伏母差保护定值单不一致，故障时母线保护电流扩大1倍，造成500千伏芒康站110千伏Ⅱ、Ⅲ母（硬连接）差动保护动作跳闸，带跳110千伏芒嘎Ⅰ线，110千伏盐井站及所带3座35千伏变电站、1座35千伏发电厂失电，损失负荷1兆瓦	六级	施工不当
22	6月24日	国网冀北电力	6月24日，冀北公司±500千伏张北柔直中都换流站中延直流三套金属回线纵差保护动作，中都—延庆正极闭锁，直流功率损失928兆瓦	六级	设备故障
23	6月30日	国网辽宁电力	6月30日，辽宁公司500千伏盛京变电站在进行220千伏Ⅰ母和Ⅱ母倒换操作过程中，在拉开22011刀闸（厦门ABB，GIS，2021年7月投产）时，22011刀闸A相气室内部故障放电，220千伏Ⅰ母和Ⅱ母同时故障跳闸（选A相），带跳220千伏热盛二线（沈海电厂—盛京）、盛祁线（盛京—祁家），以及盛京变电站500千伏1号主变压器中压侧	六级	设备故障
24	11月2日	国网蒙东电力	11月2日，蒙东公司±500千伏伊穆直流伊敏换流站极Ⅰ Y－Y/C相换流变压器（换流变压器为沈阳特变电工，分接开关为德国MR，2010年9月投产）非电量保护（换流变压器调压分接开关油流继电器保护）动作，极Ⅰ闭锁，损失功率84万千瓦	六级	设备故障

2. 设备事件

序号	日期	单位	事件简题	等级	原因
1	11 月 4 日	国网甘肃电力	11 月 4 日，甘肃公司±800 千伏祁韶直流祁连换流站极Ⅰ低端 Y/D－A 相换流变压器因质量问题故障	四级	设备故障
2	7 月 20 日	国网江苏电力	7 月 20 日，江苏盐城响水地区发生局部强对流天气，造成江苏公司 1 条 500 千伏线路、3 条 220 千伏线路跳闸，500 千伏倒塔 1 基、受损 3 基，220 千伏倒塔 1 基	五级	风害
3	9 月 1～2 日	国网宁夏电力	9 月 1 日，宁夏银川东换流站在进行 66 千伏Ⅰ母转检修操作中，误合 750 千伏 1 号主变压器低压侧接地刀闸，造成主变压器低压侧近区金属性短路，主变压器跳闸。9 月 2 日，在主变压器试送过程中，1 号主变压器 A 相重瓦斯动作、压力释放阀喷油	五级	误操作
4	9 月 11 日	国网江苏电力	9 月 11 日，江苏公司±800 千伏泰州换流站因 5633 断路器 C 相带电侧灭弧室、并联电容爆裂（ABB，2017 年 5 月投运），引线掉落引发接地故障，500 千伏第一大组滤波器母线差动保护动作，5152、5153 进线开关三相跳闸，故障还造成 5633 开关 B 相均压电容、支柱绝缘子损伤，以及该母线电压互感器 A 相绝缘子损伤	五级	设备故障
5	10 月 5 日	国网四川电力	10 月 5 日，四川公司 500 千伏普提变电站 2 号主变压器双套差动保护动作跳闸，主变压器中压侧 C 相套管发生贯穿性破裂，A、B 相套管安装法兰发生撕裂，安控正确动作切除近区 5 条 220 千伏线路，带跳 3 个水电厂、8 个风电厂，合计损失出力 105 万千瓦，未造成负荷损失；西南电网频率最低降至 49.89 赫	五级	设备故障
6	10 月 11 日	国网湖南电力	10 月 11 日，湖南公司±500 千伏鹅城换流站 5041 开关 C 相电流互感器故障，导致 5041 C 相断路器、50411 C 相隔离开关、50412 C 相隔离开关受损；5041 B 相电流互感器、5031 A 相电流互感器、504117 C 相接地刀闸、504127 C 相接地刀闸、5032 A 相电流互感器局部伞裙擦伤；500 千伏Ⅰ母、鹅博甲线跳闸	五级	设备故障
7	10 月 24～26 日	国网西藏电力	10 月 24～26 日，西藏山南、林芝和昌都地区出现较强雨雪天气，造成 500 千伏波林Ⅰ线 105 号杆塔倒塔，500 千伏波林Ⅰ线跳闸	五级	暴雨
8	12 月 26 日	国网冀北电力	12 月 26 日，冀北公司 500 千伏金山岭变电站 2 号主变压器（西电西变，2011 年 12 月投运）因中压绕组对地放电，本体差动保护动作跳闸，重瓦斯动作、压力释放告警，故障造成变压器本体油箱变形、高压套管断裂、中压套管将军帽移位、低压套管将军帽开裂	五级	设备故障
9	1 月 25 日	国网陕西电力	1 月 25 日，陕西公司±800 千伏祁韶线路直流极Ⅱ因覆冰导致地线断裂引起跳闸，再启动不成功	六级	覆冰
10	2 月 8～10 日	国网河南电力	2 月 8～10 日，河南公司陕武直流线路河南段极Ⅱ线路 1865 号塔地线横担受损（2 月 8 日）、极Ⅰ线路 1866 号塔 OPGW 光缆脱落（2 月 9 日）、极Ⅱ线路 1898 号塔小号侧地线脱落（2 月 10 日）、双极线路 1895～1898 号塔地线防震锤变形、线夹倾斜、地线脱落等，陕武直流双极线路停运消缺	六级	覆冰
11	2 月 12 日	国网湖南电力	2 月 12 日，雅湖直流极Ⅱ 0932 号塔（位于云南昭通，湖南运维）地线脱落，雅湖直流极Ⅱ紧急停运消缺。13 日 23 时 30 分，恢复双极启动运行	六级	设备故障
12	5 月 22 日	国网四川电力	5 月 22 日，四川公司 500 千伏普提变电站在白鹤滩电站接入四川主网 500 千伏交流工程基建施工过程中，作业人员进行 500 千伏Ⅱ母耐压试验前二次安措复核工作时，误动汇控柜内 5022 开关二次电流回路导致线路零序电流三段保护动作跳开 5022 开关，造成 500 千伏榄普二线跳闸，未造成负荷损失	六级	人员误动
13	7 月 4 日	国网上海电力	7 月 4 日，上海公司 220 千伏渡丁 2128 线因 B 相线路终端故障，引起开关跳闸，重合闸不成功。事件造成±500 千伏林枫直流双极、宜华直流双极各换相失败两次，±500 千伏葛南直流极一换相失败一次	六级	设备故障

续表

序号	日期	单位	事件简题	等级	原因
14	7月27日	国网四川电力/南瑞集团	7月27日，国网四川公司500千伏路平变电站1号主变压器1号保护因5011开关1号合并单元所用通道“保护CT幅值系数”恢复至缺省值引起动作跳闸	六级	设备故障
15	8月8日	国网四川电力	8月8日，四川公司500千伏普洪二线（普提—洪沟）B相因191号导线大号侧1号子导线因耐张管损坏从耐张线夹脱出断开后，导线掉落地面故障跳闸，重合不成功	六级	设备故障
16	8月25日	国网湖南电力	8月25日，湖南公司500千伏潇星Ⅱ线（潇湘—星城）55号塔（同杆并架，紧凑型）因A相V串绝缘子掉串故障跳闸，重合不成功，故障造成祁韶直流双极低端换流器发生2次换相失败，祁韶直流双极高端及雅湖直流双极低端、极Ⅱ高端换流器各发生1次换相失败	六级	设备故障
17	12月4日	国网湖南电力	12月4日，500千伏古星Ⅰ线因绝缘子掉串，导致C相跳闸，重合不成功跳三相	六级	设备故障